技工院校计算机类专业（中／高级技能层级）

WPS Office 基础与应用实训题集

主　编　孙　妍
副主编　叶文秀

中国劳动社会保障出版社

简介

本书是技工院校计算机类专业教材（中 / 高级技能层级）《WPS Office 基础与应用》的配套实训题集。本书按照教材项目顺序编排，根据教材讲授的知识与技能设置实训项目，具有较强的可操作性和拓展性，可帮助学生进一步巩固所学知识，锻炼实际操作能力。

为了方便教学，相关数字资源可在技工教育网（https://jg.class.com.cn）下载并使用。

本书由孙妍担任主编，叶文秀担任副主编，王宁娟、何晓阳、甘金燕、吴碧君、谢菲、何颖捷参与编写。

图书在版编目（CIP）数据

WPS Office 基础与应用实训题集 / 孙妍主编．北京：中国劳动社会保障出版社，2025．1．--（技工院校计算机类专业：中 / 高级技能层级）．--ISBN 978-7-5167-6726-9

Ⅰ．TP317.1-44

中国国家版本馆 CIP 数据核字第 2024XP2732 号

中国劳动社会保障出版社出版发行

（北京市惠新东街 1 号　邮政编码：100029）

*

北京宏伟双华印刷有限公司印刷装订　　新华书店经销

787 毫米 ×1092 毫米　16 开本　8.75 印张　169 千字

2025 年 1 月第 1 版　　2025 年 1 月第 1 次印刷

定价：22.00 元

营销中心电话：400-606-6496

出版社网址：https://www.class.com.cn

https://jg.class.com.cn

目 录

CONTENTS

模块一　WPS 文字版式编排

实训项目一　制作征稿启事——WPS 文字的录入 …………………… 003

实训项目二　制作校园板报——WPS 文字的编辑 …………………… 012

实训项目三　制作电子贺卡——WPS 文字的图文混排 ……………… 020

实训项目四　制作教室卫生评分表——WPS 文字表格的制作 ……… 031

实训项目五　制作学校体育场馆管理手册——WPS 文字排版的综合应用 …………………………………………………… 043

模块二　WPS 表格数据分析

实训项目一　制作学生成绩表——WPS 表格数据的录入与编辑 …… 053

实训项目二　制作竞赛成绩表——WPS 表格公式及函数运算 ……… 062

实训项目三　分析统计劳保用品进销存表——WPS 表格数据的分析 … 071

实训项目四 制作产品销售统计图——WPS 表格图表的应用 ……… 083

实训项目五 元旦晚会数据分析——WPS 表格的综合应用…………… 093

模块三 WPS 演示动态表达

实训项目一 制作珠海之行演示文稿——WPS 演示文稿的创建与编辑………………………………………………………… 105

实训项目二 美化珠海之行演示文稿——WPS 演示文稿的美化 …… 115

实训项目三 放映珠海之行演示文稿——WPS 演示文稿的放映 ……… 122

实训项目四 设计学校简介演示文稿——WPS 演示文稿的综合应用… 128

模块一

WPS 文字版式编排

实训项目一
制作征稿启事——WPS 文字的录入

一、实训任务

书法是中国特有的一种传统艺术。汉字是劳动人民创造的，从图画记事开始，经过几千年的发展，演变成了当今使用的文字。某学院校报编辑组要出版一期书法特刊，需制作一份图 1-1-1 所示的征稿启事。

书法特刊征稿启事

为弘扬中华民族优秀传统文化，进一步加强中华民族优秀传统文化教育，提高青少年的汉字书写水平，感受汉字中的人文精神和文化底蕴，展示汉字的艺术魅力和时代风采，学院校报拟出版一期"书法特刊"，希望同学们踊跃投稿。具体要求如下：

一、作品内容：包含诗歌、楹联、文、赋等形式的传统文化内容。

二、作品类别：分为硬笔书法和毛笔书法两类。

🕮硬笔类作品要求：尺寸不超过 A3，可以临习古代经典法帖。工具、书体、形式不限。篆书、草书请附释文。

🕮毛笔类作品要求：四尺宣纸以内，可以临习古代经典法帖。书体、形式不限。作品无须装裱。篆书、草书请附释文。

三、作品落款应为真实姓名，稿件请于 10 月 20 日前交给班级宣传委员，10 月 21 日前由班级宣传委员交到学院校报编辑组。

学院校报编辑组
2024 年 9 月 20 日

图 1-1-1　征稿启事

二、实训分析

要完成本实训项目，应按照图 1-1-2 所示的思维导图复习教材中学到的知识点和技能点。

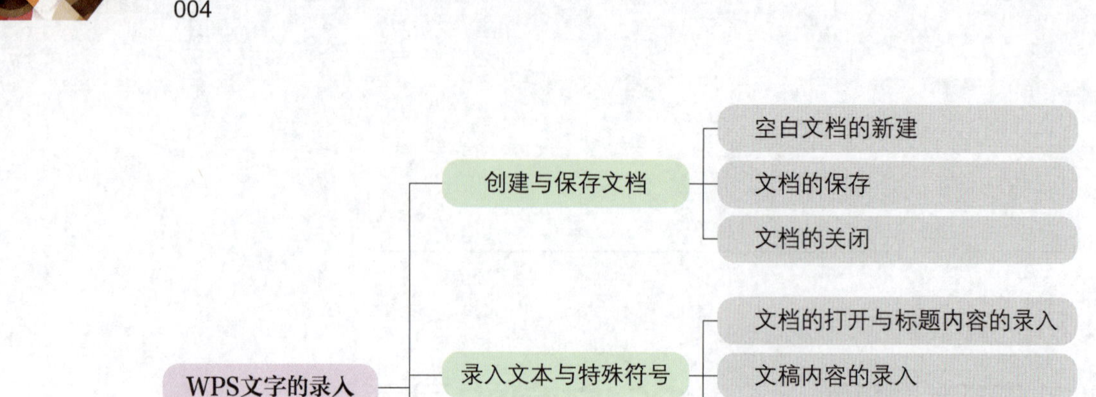

图 1-1-2 思维导图

本项目需要新建一个空白的 WPS 文字文档，在文档中录入文本内容、常用符号、特殊符号；完成内容录入后要正确设置标题、落款的对齐方式等；检查无误后预览并打印文档。在完成项目的过程中，应注意使用键盘录入常用符号的方法和技巧，以及插入特殊符号的方法。

三、实训计划制订

根据实训分析，制订完成本项目的实训计划，填入表 1-1-1 中。

表 1-1-1 实训计划

序号	工作内容	所需时间
1		
2		
3		
4		

四、操作步骤提示

按照表 1-1-2 列出的操作步骤提示完成本项目。

表 1-1-2　操作步骤提示

序号	操作步骤	内容
1	新建并命名文档	在 WPS Office 程序中，新建一个空白的 WPS 文字文档，以“征稿启事.docx”为文件名将其保存至学生文件夹中
2	录入文本与符号	按照图 1-1-1，录入文字、数字、标点符号、特殊符号等
3	保存文档	按组合键 Ctrl+S 保存文档
4	预览和打印文档	预览文档无误后，打印文档

将实训过程中遇到的疑点、难点及相应的解决方法和心得体会记录在表 1-1-3 中，并在组内进行讨论和分享。

表 1-1-3　经验和心得记录

序号	涉及的操作步骤	经验和心得

五、实训评价

实训项目完成后，以适当的形式在班级内展示学习成果，交流学习心得，并归纳、总结实训中的收获，纳入思维导图中。

采用学生自评、学生互评与教师评价相结合的多元评价方式，按照表 1-1-4 所列评价项目完成实训评价。

表 1-1-4　实训评价

序号	评价项目	评价要求	配分 / 分	学生自评（占比 30%）	学生互评（占比 30%）	教师评价（占比 40%）
1	自主复习	实训前能应用思维导图复习、总结学过的内容	5			
2	实训计划制订	对实训任务的分析准确、到位，有明确与可行的操作步骤	10			
3	项目实施及实训评价	操作熟练、得当，成果能满足任务要求，具体包括： 1. 能使用正确的方法新建 WPS 文字文档，并命名文档（10 分） 2. 能在 30 min 内完成内容的录入（30 分） 3. 能正确设置征稿启事的内容格式（10 分） 4. 能使用正确的名称、文件类型和存储路径保存文件（10 分） 5. 能正确预览和打印文档（10 分）	70			
4	成果展示及学习心得交流	成果展示与汇报时，能使用专业术语，口头表达准确，语言清晰流畅，发言声音洪亮，倾听汇报耐心，仪态大方	10			
5	自主总结	能对实训后的收获进行梳理、总结并纳入思维导图中	5			
6	6S 规范	每发现 1 次不符合规范的操作扣 2 分；若违反安全操作规范，实训成绩记 0 分	—			
综合得分			100			

六、实训拓展

1. 录入一封写给自己的信的文档

我们是“中国梦”的建设者，只有现在脚踏实地努力学习、奋发进取，才会创造美好的未来。参照图 1-1-3 所示的内容，完成一封写给自己的信的文字内容录入。

致现在的自己：

从踏入校园的第一天起，你就应当对未来几年的校园生活有一个正确的认识和规划。为了能让自己快乐地学习，为了能在毕业时顺利就业，你应当学会以下几点：

一、学会做人。做人先修德，坚持以德立身，并懂得责任与感恩，是每一个人学做人的最初要求。懂得责任，好比打地基，地基不稳，再高的楼房也会倒塌。“滴水之恩，当涌泉相报。”应懂得感谢那些帮助你的家人、老师、朋友、同学。以礼待人，以感恩之心待人。

二、学会主动学习。没有人比你自己更在乎未来的你。因此，进入校园后应树立自主学习的学习观。制订计划和目标，积极、主动地培养自己、锻炼自己，并且不断探索和逐步建立适合自己的学习方法，提高学习能力和学习效率。

三、学会操作技能。作为新时代的青年，应为实现中华民族伟大复兴的中国梦而不懈奋斗！立鸿鹄志，做奋斗者，走技能成才路，树技能报国志。现处于学生时代的你要有本领不够、才干不足的紧迫感，刻苦学习，学好知识与技能。

四、学会掌控时间。时间是你最宝贵的财富，懒惰是你致命的弱点，要养成早睡早起的习惯，提前做好规划，列好任务清单，定期归档，做好学习总结，劳逸结合。

五、学会解决问题。你需要培养积极解决问题的习惯。解决问题的方法有很多，可以独立解决问题或是请求同学、老师的帮助。一个真正优秀的人应该是一个会思考、会学习、会解决问题的人。

刚踏入校门时，你还是一个忙碌的、青涩的、被动的中学毕业生；而在校学习时，你应是一名学会做人、学会主动学习、学会操作技能、学会掌控时间、学会解决问题的优秀学生；离开学校时，你应收获技能和自信，成为一个有潜力、有思想、有价值、有前途的中国未来的主人翁。

姓名：XXX

XXXX 年 XX 月 XX 日

图 1-1-3 一封写给自己的信

2. 录入中华文化之国粹——茶艺的文档

茶是中国人日常生活中不可缺少的一部分，中国有句俗语“开门七件事——柴、米、油、盐、酱、醋、茶”。中国人的饮茶习惯已有上千年的历史。按以下要求完成中华文化之国粹——茶艺的文字内容录入。

（1）新建一个空白的 WPS 文字文档，以“中华文化之国粹——茶艺.docx”命名，并将其保存至学生文件夹中。

（2）按照图 1-1-4a 所示，录入文字、标点符号、特殊符号等。

（3）打开素材中的“茶艺 b.docx”，将文档中的全部内容复制到“中华文化之国粹——茶艺.docx”的文档中，作为文档的第三段。

（4）将文档中的所有“茶亿”替换为“茶艺”，完成替换后的效果如图 1-1-4b 所示。

⊛茶艺，萌芽于唐，发扬于宋，改革于明，极盛于清，可谓历史悠久，自成一派。

⊛茶亿是一种文化。茶亿在中国优秀文化的基础上又广泛吸收和借鉴了其他艺术形式，并扩展到文学、艺术等领域，形成了具有浓厚民族特色的中国茶文化，包括茶叶品评技法和艺术操作手段的鉴赏，以及美好品茗环境的领略等整个品茶过程的美好意境，其过程体现形式和精神的相互统一，是在饮茶活动过程中形成的文化现象。

a）

⊛茶艺，萌芽于唐，发扬于宋，改革于明，极盛于清，可谓历史悠久，自成一派。

⊛茶艺是一种文化。茶艺在中国优秀文化的基础上又广泛吸收和借鉴了其他艺术形式，并扩展到文学、艺术等领域，形成了具有浓厚民族特色的中国茶文化，包括茶叶品评技法和艺术操作手段的鉴赏，以及美好品茗环境的领略等整个品茶过程的美好意境，其过程体现形式和精神的相互统一，是在饮茶活动过程中形成的文化现象。

b）

图 1-1-4　中华文化之国粹——茶艺

a）待录入文本　b）完成替换后的效果

3. 录入会议通知的文档

会议通知是企业常用的文档之一，按以下要求完成会议通知文档的录入。

（1）新建一个空白的 WPS 文字文档，并将其重命名为“会议通知.docx”。

（2）按照图 1-1-5a 所示录入会议内容，并录入特殊符号到图 1-1-5b 所示的红色框线位置。

网络安全培训会议通知
各部门：
为贯彻落实全国网络安全和信息化工作会议精神，进一步加强我单位网络安全工作，保证网络安全和信息化工作持续健康发展，提高员工信息安全的意识。为此，单位决定召开关于员工信息安全知识的培训会议，请单位各部门相关人员做好准备，积极配合。
现将会议的具体事宜通知如下：
一、会议内容：
1. 分析当前单位网络安全形势。
2. 针对如何做好单位网络安全做讲座。
二、会议时间：2024年9月25日上午8:30~11:30
三、会议地点：三楼报告厅
四、参加人员：各部门安排3名以上人员参加。
请参会人员安排好本职工作，提前10分钟进入会场，带笔记本认真做好记录。
特此通知
××× 单位
2024年9月20日

a）

网络安全培训会议通知

各部门：

为贯彻落实全国网络安全和信息化工作会议精神，进一步加强我公司网络安全工作，保证网络安全和信息化工作持续健康发展，提高员工信息安全的意识。为此，公司决定召开关于员工信息安全知识的培训会议，请公司各部门相关人员做好准备，积极配合。

现将会议的具体事宜通知如下：

一、会议内容：

1. 分析当前公司网络安全形势。

2. 针对如何做好公司网络安全做讲座。

二、会议时间：2024 年 9 月 25 日上午 8:30~11:30

三、会议地点：三楼报告厅②

四、参加人员：各部门安排 3 名以上人员参加。

★★★请参会人员安排好本职工作，提前 10 分钟进入会场，带笔记本认真做好记录。

特此通知

××× 公司

2024 年 9 月 20 日

b）

图 1-1-5　会议通知

a）待录入文本　b）特殊符号位置及完成替换后的效果

（3）将标题行文本“网络安全培训会议通知”设置为居中对齐；将正文各段落设置为首行缩进 2 个字符；将落款文本设置为右对齐。

（4）使用查找与替换功能，将会议通知中的“单位”全部替换为“公司”。

4. 录入请假条的文档

请参照图 1-1-6 所示内容完成请假条文档的制作，制作中应注意文字、段落的格式设置。

请假条

尊敬的刘老师：

您好！我是 21 级电气①班的学生王景天，因本人需参加学生会组织的全体志愿者前往香山敬老院慰问活动，特向您请假，请假时间为 2024 年 10 月 14 日 09：00~11：30，请假期间有效联系方式:131********。

离校期间，本人将严格遵守学校的管理规定，注意人身安全，听从学生会管理，不参与违法或危险系数较高的活动。恳请您批准!

请假人：王景天

2024 年 10 月 13 日

图 1-1-6　请假条

七、巩固与练习

1. 判断题

(1) 在 WPS 文字中，可以使用文档模板创建新的文档。 ( )

(2) 在 WPS 文字中，新建一个文字文档，第一次保存时会弹出“另存为”对话框。 ( )

(3) 在 WPS 文字中，打开了多个文档，按组合键 Alt+F4 后可关闭当前文档。 ( )

(4) 在 WPS 文字中，需要输入特殊的符号，可以使用“插入”选项卡中的“符号”命令来实现。 ( )

(5) WPS 文字的“打印预览”功能一次只能预览一页。 ( )

2. 单选题

(1) 在 WPS 文字中，新建一个文字文档的组合键是 ( )。

A. Ctrl+P　B. Ctrl+O　C. Ctrl+N　D. Ctrl+F

(2) 在 WPS 文字中，打印文档的组合键是 ( )。

A. Ctrl+S　B. Ctrl+O　C. Ctrl+N　D. Ctrl+P

(3) 在 WPS 文字编辑状态下，每按一次 ( ) 键，就会产生一个新的段落。

A. Tab　B. Caps　C. Enter　D. Esc

(4) 在 WPS 文字环境中可以将鼠标指针移至该段左边的空白处，待指针变为白色箭头状 ( ) 时，进行 ( ) 操作，选定一段文本。

A. 单击鼠标　B. 双击鼠标

C. 三击鼠标　D. 按组合键 Ctrl+A

(5) 在 WPS 文字中，如果想打印文档的 1、3、5 三页内容，需要在“打印”对话框中的“页码范围”文本框中输入 ( )。

A. 1 ~ 5　B. 1、3、5　C. 135　D. 1，3，5

(6) 在 WPS 文字中，可以使插入点快速移到文档结尾处的组合键是 ( )。

A. Ctrl+End　B. Shift+End　C. End　D. PageDown

(7) WPS 文字不可以打开 ( ) 类型文件。

A. *.wps　B. *.txt　C. *.docx　D. *.jpg

(8) 下面关于在 WPS 文字中进行查找与替换操作的说法中，正确的是 ( )。

A. 查找与替换只能对文本进行操作

B. 查找与替换不能对段落格式进行操作

C. 查找与替换可以对指定格式进行操作

D. 查找与替换不能对指定字体进行操作

（9）在 WPS 文字中，查找的组合键是（　　）。

A. Ctrl+H　　B. Ctrl+F　　C. Ctrl+Y　　D. Ctrl+G

（10）在 WPS 文字中，如果要在“插入”和“改写”状态之间进行切换，可以按（　　）键。

A. End　　B. Home　　C. Insert　　D. Esc

实训项目二
制作校园板报——WPS 文字的编辑

一、实训任务

电气专业的梁同学参加学院举办的校园板报征文比赛，已完成参赛文章《我的人生我做主》的录入工作，现需要对文档进行编辑排版，完成校园板报的制作，如图1-2-1所示。

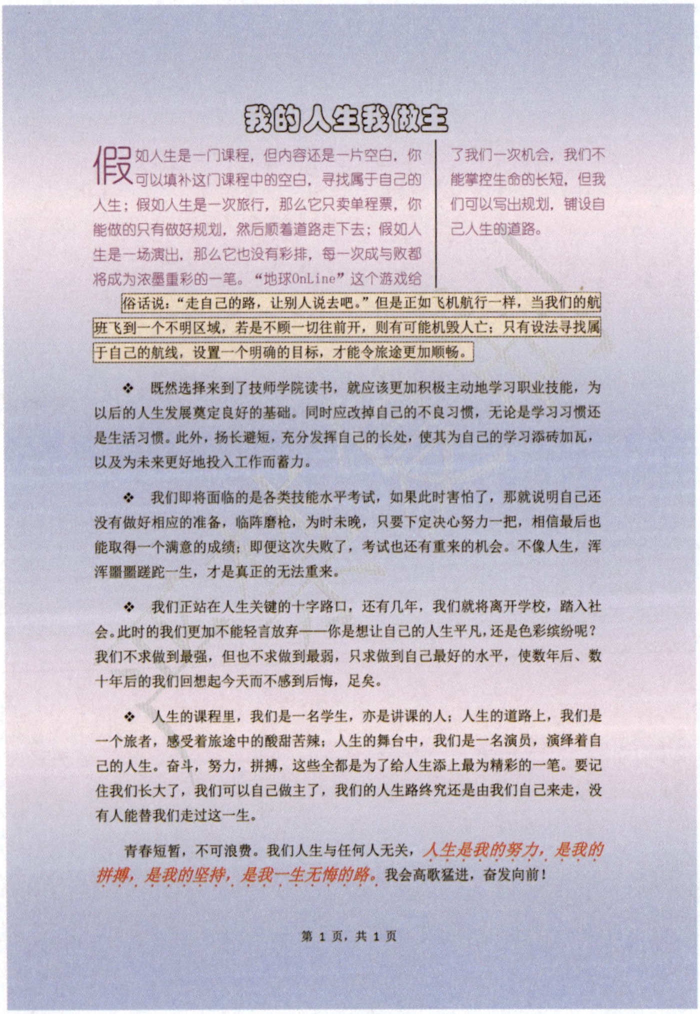

我的人生我做主

假如人生是一门课程，但内容还是一片空白，你可以填补这门课程中的空白，寻找属于自己的人生；假如人生是一次旅行，那么它只卖单程票，你能做的只有做好规划，然后顺着道路走下去；假如人生是一场演出，那么它也没有彩排，每一次成与败都将成为浓墨重彩的一笔。“地球OnLine”这个游戏给了我们一次机会，我们不能掌控生命的长短，但我们可以写出规划，铺设自己人生的道路。

俗话说：“走自己的路，让别人说去吧。”但是正如飞机航行一样，当我们的航班飞到一个不明区域，若是不顾一切往前开，则有可能机毁人亡；只有设法寻找属于自己的航线，设置一个明确的目标，才能令旅途更加顺畅。

❖ 既然选择来到了技师学院读书，就应该更加积极主动地学习职业技能，为以后的人生发展奠定良好的基础。同时应改掉自己的不良习惯，无论是学习习惯还是生活习惯。此外，扬长避短，充分发挥自己的长处，使其为自己的学习添砖加瓦，以及为未来更好地投入工作而蓄力。

❖ 我们即将面临的是各类技能水平考试，如果此时害怕了，那就说明自己还没有做好相应的准备，临阵磨枪，为时未晚，只要下定决心努力一把，相信最后也能取得一个满意的成绩；即便这次失败了，考试也还有重来的机会。不像人生，浑浑噩噩蹉跎一生，才是真正的无法重来。

❖ 我们正站在人生关键的十字路口，还有几年，我们就将离开学校，踏入社会。此时的我们更加不能轻言放弃——你是想让自己的人生平凡，还是色彩缤纷呢？我们不求做到最强，但也不求做到最弱，只求做到自己最好的水平，使数年后、数十年后的我们回想起今天而不感到后悔，足矣。

❖ 人生的课程里，我们是一名学生，亦是讲课的人；人生的道路上，我们是一个旅者，感受着旅途中的酸甜苦辣；人生的舞台中，我们是一名演员，演绎着自己的人生。奋斗，努力，拼搏，这些全都是为了给人生添上最为精彩的一笔。要记住我们长大了，我们可以自己做主了，我们的人生路终究还是由我们自己来走，没有人能替我们走过这一生。

青春短暂，不可浪费。我们人生与任何人无关，*人生是我的努力，是我的拼搏，是我的坚持，是我一生无悔的路。*我会高歌猛进，奋发向前！

第 1 页，共 1 页

图 1-2-1 校园板报

二、实训分析

要完成本实训项目，应按照图 1-2-2 所示的思维导图复习教材中学到的知识点和技能点。

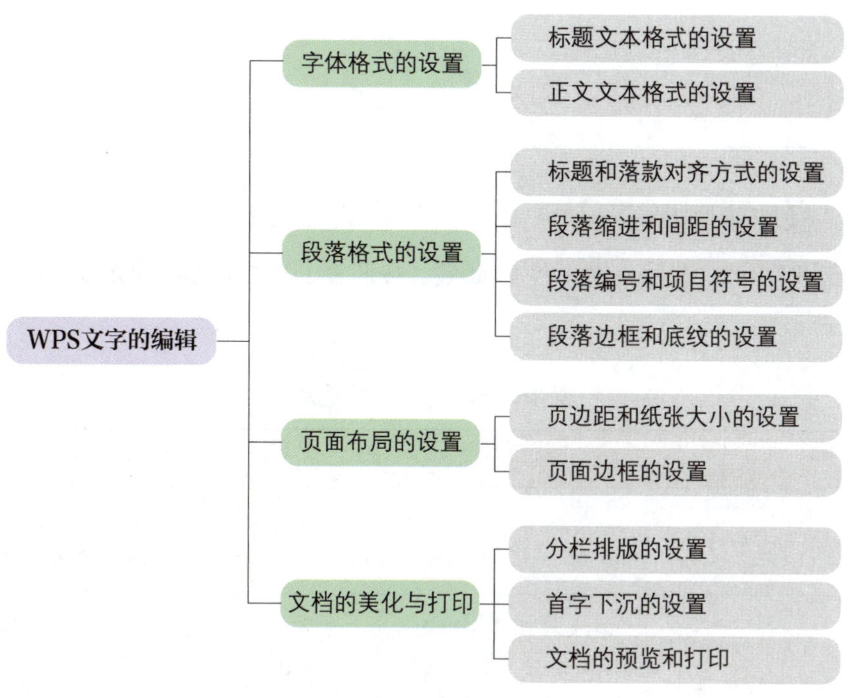

图 1-2-2　思维导图

本项目需要对文档进行编辑排版，排版过程中涉及字体格式的设置、段落格式的设置、页面布局的设置、特殊版式的设置等。在完成项目的过程中，应熟记各项功能在软件中的位置及使用方法和技巧。

三、实训计划制订

根据实训分析，制订完成本项目的实训计划，填入表 1-2-1 中。

表 1-2-1　实训计划

序号	工作内容	所需时间
1		
2		

续表

序号	工作内容	所需时间
3		
4		

四、操作步骤提示

打开素材中的“我的人生我做主.docx”，按照表1-2-2列出的操作步骤提示完成本项目。

表1-2-2　操作步骤提示

序号	操作步骤	内容
1	页面布局的设置	将文档页边距上、下、左、右均设置为“2.5 cm”；纸张大小设置为“16开”；为文档添加预设颜色为“雨后初晴”的渐变背景
2	页眉、页脚、页码的设置	在文档页眉左侧录入文本“青春短暂，不可浪费”，设置其字体为“楷体”、字号为“五号”、字体颜色为“红色”；在页脚中间插入页码，设置页码样式为“第1页，共×页”
3	段落格式的设置	将正文所有段落设置为“首行缩进2个字符”，段后间距设置为“0.5行”，行距设置为“固定值18磅”；为正文第2段的文字添加1磅宽虚线的文字方框；添加主题颜色为“巧克力黄，着色2，浅色80%”的文字底纹；为正文第3～第6段添加“加粗空心方形”的项目符号
4	字体格式的设置	将文档标题行的字体设置为“华文彩云”、字号为“二号”，并为其添加倒影效果为“紧密倒影，接触”；将其他正文字体设置为“宋体”，字号设置为“五号”；设置正文最后一段中“人生是我的努力，是我的拼搏，是我的坚持，是我一生无悔的路。”文本的字号为“小四”，字形为“加粗”“倾斜”，添加着重号，字体颜色设置为“红色”；将正文第1段的字体设置为“幼圆”，字体颜色设置为“紫色”
5	特殊版式的设置	将正文第1段分为偏右的两栏，并添加分隔线；将段落首字“假”设置为“首字下沉2行”；为文档添加预设水印，其内容为“严禁复制”
6	保存文档	按组合键Ctrl+S保存文档

将实训过程中遇到的疑点、难点及相应的解决方法和心得体会记录在表 1–2–3 中，并在组内进行讨论和分享。

表 1–2–3 经验和心得记录

序号	涉及的操作步骤	经验和心得

五、实训评价

实训项目完成后，以适当的形式在班级内展示学习成果，交流学习心得，并归纳、总结实训中的收获，纳入思维导图中。

采用学生自评、学生互评与教师评价相结合的多元评价方式，按照表 1–2–4 所列评价项目完成实训评价。

表 1–2–4 实训评价

序号	评价项目	评价要求	配分 / 分	学生自评（占比 30%）	学生互评（占比 30%）	教师评价（占比 40%）
1	自主复习	实训前能应用思维导图复习、总结学过的内容	5			
2	实训计划制订	对实训任务的分析准确、到位，有明确与可行的操作步骤	10			
3	项目实施及实训评价	操作熟练、得当，成果能满足任务要求，具体包括： 1. 能正确设置文档的页面格式（10 分） 2. 能正确添加页眉和页码（10 分） 3. 能正确使用字体格式、段落格式、特殊版式设置文档内容（40 分） 4. 能使用正确的名称、文件类型和存储路径保存文件（10 分）	70			

续表

序号	评价项目	评价要求	配分/分	学生自评（占比30%）	学生互评（占比30%）	教师评价（占比40%）
4	成果展示及学习心得交流	成果展示与汇报时，能使用专业术语，口头表达准确，语言清晰流畅，发言声音洪亮，倾听汇报耐心，仪态大方	10			
5	自主总结	能对实训后的收获进行梳理、总结并纳入思维导图中	5			
6	6S 规范	每发现 1 次不符合规范的操作扣 2 分；若违反安全操作规范，实训成绩记 0 分	—			
综合得分			100			

六、实训拓展

1. 使用字体格式对环保小常识文档进行排版

“绿水青山就是金山银山。”人人都应有意识地保护自然资源，防止自然环境受到污染和破坏。打开素材中的“环保小常识.docx”，参考图 1-2-3 所示的效果自行设计并完成排版。

2. 使用段落格式对全民阅读文档进行排版

全民阅读活动能够拓宽视野并了解最新信息，从而增强文化自信。打开素材中的“全民阅读.docx”，参考图 1-2-4 所示的效果自行设计并完成排版。

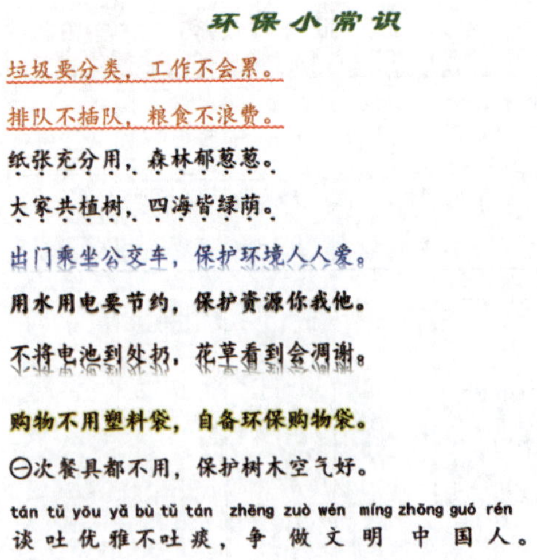

环保小常识

垃圾要分类，工作不会累。
排队不插队，粮食不浪费。
纸张充分用，森林郁葱葱。
大家共植树，四海皆绿荫。
出门乘坐公交车，保护环境人人爱。
用水用电要节约，保护资源你我他。
不将电池到处扔，花草看到会凋谢。
购物不用塑料袋，自备环保购物袋。
一次餐具都不用，保护树木空气好。
tán tǔ yōu yǎ bù tǔ tán zhēng zuò wén míng zhōng guó rén
谈吐优雅不吐痰，争做文明中国人。

图 1-2-3 环保小常识

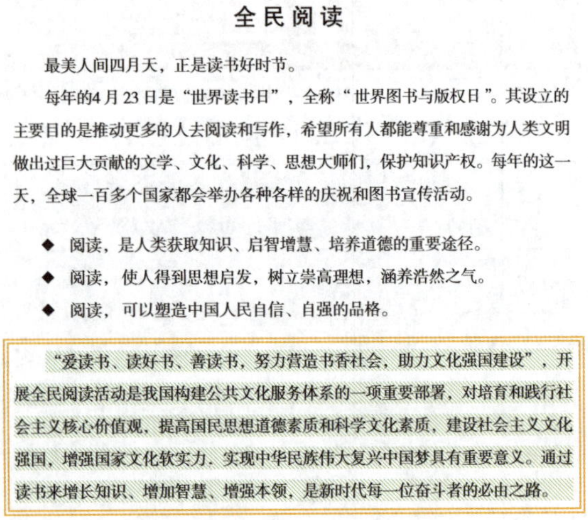

全民阅读

最美人间四月天，正是读书好时节。

每年的4月23日是“世界读书日”，全称“世界图书与版权日”。其设立的主要目的是推动更多的人去阅读和写作，希望所有人都能尊重和感谢为人类文明做出过巨大贡献的文学、文化、科学、思想大师们，保护知识产权。每年的这一天，全球一百多个国家都会举办各种各样的庆祝和图书宣传活动。

- 阅读，是人类获取知识、启智增慧、培养道德的重要途径。
- 阅读，使人得到思想启发，树立崇高理想，涵养浩然之气。
- 阅读，可以塑造中国人民自信、自强的品格。

“爱读书、读好书、善读书，努力营造书香社会，助力文化强国建设”，开展全民阅读活动是我国构建公共文化服务体系的一项重要部署，对培育和践行社会主义核心价值观，提高国民思想道德素质和科学文化素质，建设社会主义文化强国，增强国家文化软实力，实现中华民族伟大复兴中国梦具有重要意义。通过读书来增长知识、增加智慧、增强本领，是新时代每一位奋斗者的必由之路。

图 1-2-4 全民阅读

3. 制作内部招聘公告

打开素材文件夹中的“内部招聘公告.docx”文档，参照图 1-2-5 所示的效果自行设计并完成排版。

内部招聘公告

期/待/优/秀/的/你

一、招聘岗位

__________部门，__________职位

二、职责说明

（参见公告所附职务说明书）

三、岗位要求

（候选人必须具备此职位所要求的所有技术和能力，否则不予考虑）

1. 在现在 / 过去的工作岗位上有良好的工作绩效，其中包括：

◆ 能够及时、完整、准确地完成工作任务

◆ 能进行有效的沟通，具有与他人合作共事的良好能力

◆ 具有积极解决问题的态度和正确解决问题的方法

◆ 具有积极的工作态度：热心、自信、开放、乐于助人

2. 可优先考虑的技术和能力

◆ 能熟练操作WPS文字排版

◆ 能熟练使用表格函数及数据分析

◆ 能熟练制作精美的演示文稿

四、薪酬范围

最低：__________元，最高：__________元

五、员工申请流程

◆ 申请者在__________前将职位申请表及履历表一同交到人事部。

◆ 我们将根据上述的资格和能力要求，对所有提交申请者进行初步审查。

◆ 内部招聘结果将在__________前公布。

人事部：__________

图 1-2-5　内部招聘公告

七、巩固与练习

1. 判断题

（1）WPS 文字具有分栏功能，其中分栏后每栏的宽度必须相同。　　（　　）

（2）在 WPS 文字的编辑状态下，进行字体设置操作后，按新设置字体显示的文字是文档中被选定的文字。（ ）

（3）当段落开头需要空两个汉字的位置时，直接按空格键进行操作即可。（ ）

（4）在 WPS 文字中，可以通过水平标尺上的游标设置段落的首行缩进和文本之前、文本之后的缩进。（ ）

（5）在 WPS 文字中，首页可以不显示页码。（ ）

2. 单选题

（1）在 WPS 文字的编辑状态下，可以使用组合键（ ）在英文输入法和中文输入法之间进行切换。

A. Ctrl+Alt　B. Ctrl+Shift　C. Ctrl+Space　D. Shift+W

（2）在 WPS 文字中，“页面设置”选项卡中不包括（ ）按钮。

A. 页边距　B. 首字下沉　C. 分栏　D. 纸张大小

（3）在 WPS 文字中，要输入公式 A=X+e，最好使用 WPS 文字附带的（ ）。

A. 画图工具　B. 公式编辑器　C. 图像生成器　D. 剪贴板

（4）在 WPS 文字文档编辑的过程中，不能实现段落对齐方式的是（ ）。

A. 分散对齐　B. 两端对齐　C. 居中对齐　D. 平均对齐

（5）在 WPS 文字中，可以在（ ）选项卡中实现标尺的显示与隐藏。

A. 开始　B. 页面布局　C. 审阅　D. 视图

（6）在 WPS 文字中，若要将选中的文本设置为粗体，则单击“开始”选项卡中的（ ）按钮。

A. **B**　B. *I*　C. U̲ -　D. A̲ -

（7）在 WPS 文字中，插入页眉后，有时页眉文本下方会出现一条横线，以下操作可以删除此横线的是（ ）。

A. 在页眉编辑状态下，单击“页眉页脚”选项卡中“页眉横线”下拉按钮，在弹出的快捷菜单中单击选择“删除横线”命令

B. 在页眉编辑状态下，选定页眉内容，单击“开始”选项卡，再单击“字体”命令组对话框启动器按钮，弹出“字体”对话框，将下划线线型设置为“无”

C. 在页眉编辑状态下，选定页眉内容，按 Delete 键

D. 在页眉编辑状态下，选定页眉内容，按组合键 Ctrl+U

（8）在 WPS 文字中，设置字体的底纹，应单击（ ）选项卡。

A. 开始　B. 插入　C. 页面布局　D. 视图

（9）在 WPS 文字中，格式刷（　　）。

A. 只能复制图形格式

B. 只能复制字体格式

C. 只能复制段落格式

D. 可以复制选定对象的字体格式和段落格式

（10）在 WPS 文字的“段落”对话框中，不可以设置（　　）。

A. 对齐方式　　B. 段落间距

C. 行间距　　D. 字符间距

实训项目三
制作电子贺卡——WPS 文字的图文混排

一、实训任务

在教师节来临之际，学生小王要制作一张电子贺卡送给老师，以表达对老师的感恩之情，电子贺卡如图 1-3-1 所示。

图 1-3-1　电子贺卡

二、实训分析

要完成本实训项目，应按照图 1-3-2 所示的思维导图复习教材中学到的知识点和技能点。

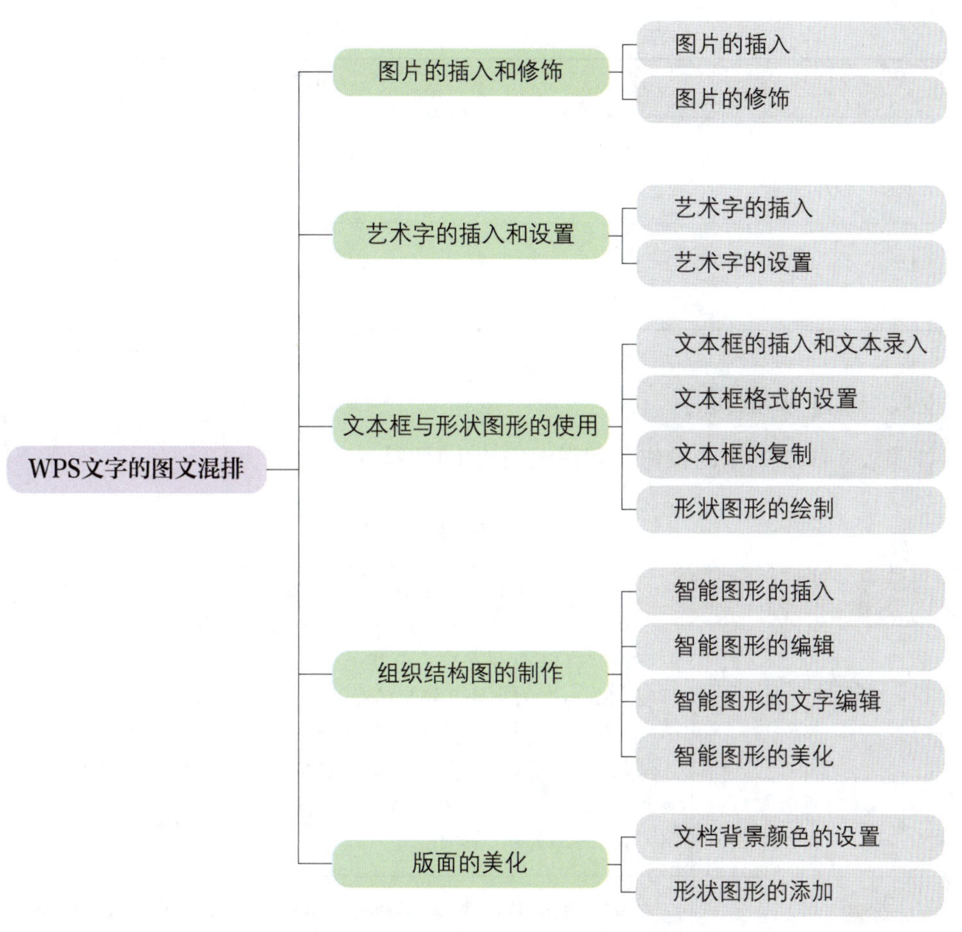

图 1-3-2　思维导图

本项目的内容是制作一张电子贺卡，制作过程中将使用到图片、艺术字、文本框、形状工具等。在完成项目的过程中，应注意图片、艺术字、文本框格式的设置方法及复制图形的方法和技巧，以提高制作效率。

三、实训计划制订

根据实训任务分析，制订完成本项目的实训计划，填入表 1–3–1 中。

表 1-3-1　实训计划

序号	工作内容	所需时间
1		
2		

续表

序号	工作内容	所需时间
3		
4		

四、操作步骤提示

按照表 1-3-2 列出的操作步骤提示完成本项目。

表 1-3-2　操作步骤提示

序号	操作步骤	内容
1	新建并命名文档	在 WPS Office 程序中，新建一个空白的 WPS 文字文档，以“教师节贺卡.docx”为文件名将其保存至学生文件夹中
2	设置页面布局	创建 2 个页面，第 1 页为贺卡封面，第 2 页为贺卡内页；将文档页边距上、下、左、右均设置为“0 cm”；设置纸张大小，宽度为“10 cm”，高度为“18 cm”
3	绘制形状并设置属性	在电子贺卡封面中绘制一个矩形形状；设置矩形大小，高度为“17.5 cm”，宽度为“9.5 cm”；无填充颜色，轮廓颜色设置为“巧克力黄，着色 2，浅色 40%”，线型设置为“3 磅”；复制矩形并将其移动到电子贺卡内页
4		在电子贺卡封面绘制一根垂直的直线，将其轮廓颜色设置为“巧克力黄，着色 2”；按照相同的方法，在电子贺卡内页绘制 3 条直线
5		在电子贺卡封面绘制一个“剪去单角的矩形”，设置其形状大小，高度为“12.8 cm”，宽度为“9.4 cm”
6	插入图片并设置属性	在电子贺卡封面插入素材中的“tp-1.png”，并调整图片尺寸至合适大小；将图片环绕方式设置为“浮于文字上方”。按照相同的方法，在电子贺卡内页插入花束图片
7	插入艺术字并设置属性	在电子贺卡封面插入预设样式为“填充 - 白色，轮廓 - 着色 2，清晰阴影 - 着色 2”的艺术字，录入内容为“感恩教师节”

续表

序号	操作步骤	内容
8	绘制形状并设置属性	在电子贺卡封面上绘制四个心形，设置心形的大小并填充颜色；按照相同的方法，在电子贺卡内页绘制两个心形
9		制作电子贺卡内页信封，绘制三个等腰三角形，其中左右两侧等腰三角形填充色设置为“巧克力黄，着色 2，浅色 60%”；中间等腰三角形填充色设置为“巧克力黄，着色 2，浅色 80%”；为中间等腰三角形添加“右下斜偏移”的外部阴影形状效果；在中间等腰三角形上方绘制一个心形，设置其填充色为“红色”；绘制一个矩形，设置矩形轮廓线型为虚线的“划线－点”，颜色为“巧克力黄，着色 2”
10	绘制文本框并设置属性	在电子贺卡内页插入多个文本框，设置为“无填充色、无轮廓颜色”；在文本框中录入相应的内容并设置文字格式
11	美化贺卡	制作完成后，预览电子贺卡并做相应调整
12	保存文档	按组合键 Ctrl+S 保存文档

将实训过程中遇到的疑点、难点及相应的解决方法和心得体会记录在表 1–3–3 中，并在组内进行讨论和分享。

表 1–3–3　经验和心得记录

序号	涉及的操作步骤	经验和心得

五、实训评价

实训项目完成后，以适当的形式在班级内展示学习成果，交流学习心得，并归纳、总结实训中的收获，纳入思维导图中。

采用学生自评、学生互评与教师评价相结合的多元评价方式，按照表 1-3-4 所列评价项目完成实训评价。

表 1-3-4　实训评价

序号	评价项目	评价要求	配分 / 分	学生自评（占比 30%）	学生互评（占比 30%）	教师评价（占比 40%）
1	自主复习	实训前能应用思维导图复习、总结学过的内容	5			
2	实训计划制订	对实训任务的分析准确、到位，有明确与可行的操作步骤	10			
3	项目实施及实训评价	操作熟练、得当，成果能满足任务要求，具体包括： 1. 能新建文档并正确命名文档，设置文档的页面格式（5 分） 2. 能插入图片并设置图片的格式（10 分） 3. 能绘制形状并设置形状的格式（15 分） 4. 能插入艺术字并设置艺术字的格式（15 分） 5. 能绘制文本框并设置文本框的格式（15 分） 6. 能使用正确的名称、文件类型和存储路径保存文件（10 分）	70			
4	成果展示及学习心得交流	成果展示与汇报时，能使用专业术语，口头表达准确，语言清晰流畅，发言声音洪亮，倾听汇报耐心，仪态大方	10			
5	自主总结	能对实训后的收获进行梳理、总结并纳入思维导图中	5			
6	6S 规范	每发现 1 次不符合规范的操作扣 2 分；若违反安全操作规范，实训成绩记 0 分	—			
综合得分			100			

六、实训拓展

1. 使用图片对兰花宣传页进行排版

自古以来，中国人民爱兰、养兰、咏兰、画兰，欣赏兰花不与群芳争艳、不畏霜雪欺凌的、坚忍不拔的刚毅气质。打开素材中的“兰花宣传页.docx”，使用其中提供的相关素材，参考图 1-3-3 所示的效果自行设计并完成排版。

兰花

中国传统名花中的兰花，虽没有醒目的艳态，没有硕大的花叶，却具有质朴文静、淡雅高洁的气质，很符合中国人的审美标准，在我国已有一千余年的栽培历史。

中国人历来把兰花看做是高洁典雅的象征，并与“梅、竹、菊”并列，合称“四君子”。通常以“兰章”喻诗文之美，以“兰交”喻友谊之真。

兰花繁殖至今，品种已经数不胜数，其中中国种植的兰花也被称为国兰，通常包括春兰、蕙兰、建兰、寒兰、报岁兰。

一、春兰

春兰是我国栽培历史最久的品种之一，多带有香味，颜色变化也非常大，是人们最喜欢的品种之一，虽然它的植株比较矮小，但其叶姿优美，花香幽远，无论在办公室的书桌上，还是居家的卧室里，摆放一株春兰都再适宜不过了。其花期通常在2~3月。

二、蕙兰

蕙兰是国家二级重点保护野生物种，它的植株飒爽挺秀，有刚柔兼备的兰叶、亭亭玉立的姿态，有清芳幽远、沁人肺腑的幽香，因而吸引着千千万万的兰花爱好者。相比而言，蕙兰比较耐寒，开花的量也要比其他品种的兰花要多一些，十分大气，通常作为观赏性花卉种植。其花期通常在 3~5 月。

三、建兰

建兰也称为四季兰，叶片比较细长，花卉有淡淡清香，色泽变化较大，通常为浅黄绿色而具紫斑；根茎相比之下较为粗壮，植株整体强劲有力，开花之后更是气魄非凡，长长的叶片苍峻挺拔，神采奕奕，具有极佳的观赏性。其花期通常在 6~10 月。

四、寒兰

寒兰多生长于林下、溪谷旁边或者湿润、多石之土壤上，它的花朵开花时十分艳丽，散发的香气也更加醇厚持久，植株比较修长，叶片也比较薄，因为它通常在霜花中顶着寒冷绽开花朵，所以被称为“寒兰”，给人清幽高雅的观感。其花期通常在 8~12 月。

五、报岁兰

报岁兰也称为墨兰，也是生活中最为常见的兰花品种之一。其叶片硕大而亮丽，假球茎较大，呈椭圆形，叶富光泽，叶缘无锯齿。花梗直立，高出叶架。通常开花时间在每年的1~3月，此时正是我们的春节，所以大家便亲切地称呼它为报岁兰。

图 1-3-3　兰花宣传页

2. 使用艺术字与文本框制作邀请函

某学院信息技术系举办技能竞赛月活动，学生小陈需要协助教师制作一份电子版邀请函，打开素材中的“邀请函.docx”，参考图 1-3-4 所示的效果自行设计并完成排版。

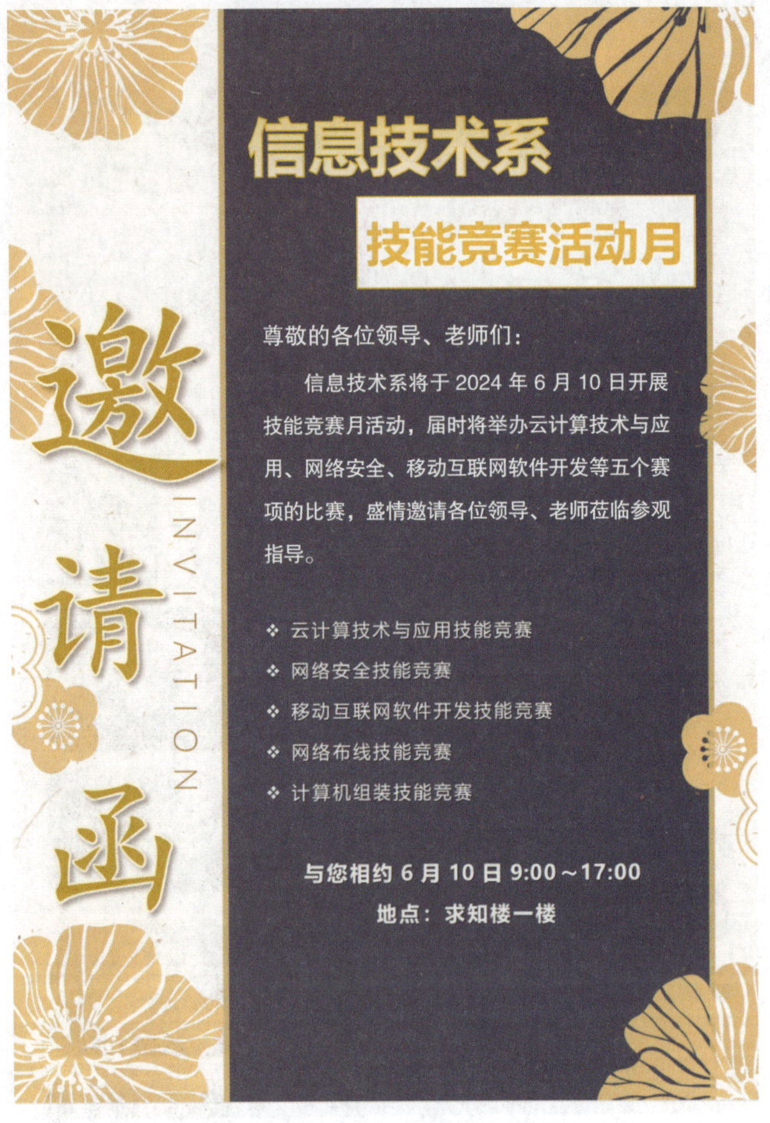

图 1-3-4　邀请函

3. 使用智能图形制作企业组织结构图

某企业人事部组员小李接到制作企业组织结构图的任务，小李决定使用 WPS 文字中的智能图形工具进行制作。打开素材中的“企业组织结构图.docx”，参考图 1-3-5 所示的效果自行设计，完成企业组织结构图的制作。

4. 使用形状工具制作年会流程单

某企业综合部需要制作一张电子版的年会流程单，包含年会开始、新年致辞、联欢晚会、年会结束四部分内容，版面要求喜庆祥和，能激励员工积极向上。参考图 1-3-6 所示的效果自行设计，完成年会流程单的制作。

企业组织结构图

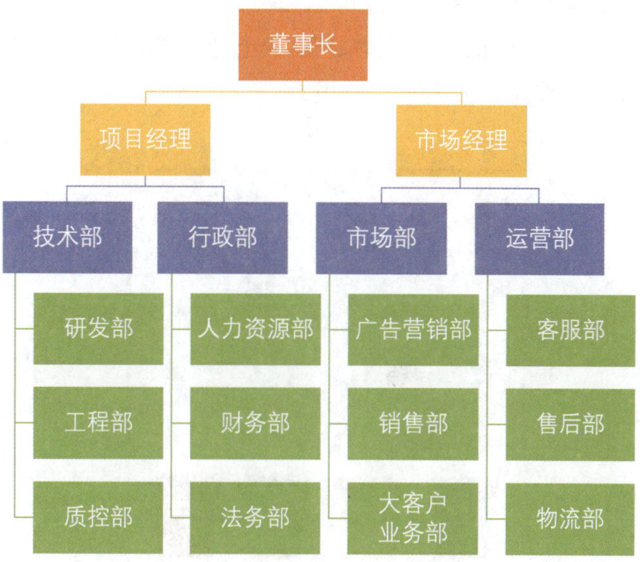

图 1-3-5　企业组织结构图

图 1-3-6　年会流程单

5. 制作垃圾分类宣传海报

垃圾分类的目的是提高垃圾的资源价值和经济价值，力争物尽其用，减少垃圾处理量和处理设备的使用，降低处理成本，减少土地资源的消耗。结合所学知识参考图 1-3-7 所示的效果制作垃圾分类宣传海报。

图 1-3-7 垃圾分类宣传海报

6. 制作企业项目申报流程图

结合所学知识参考图 1-3-8 所示的效果制作企业项目申报流程图。

企业项目申报流程图

项目立项
项目调研
通过
项目研究
通过
初步成果
不通过
优化改进
通过
通过
项目评审
不通过
不通过
项目结束

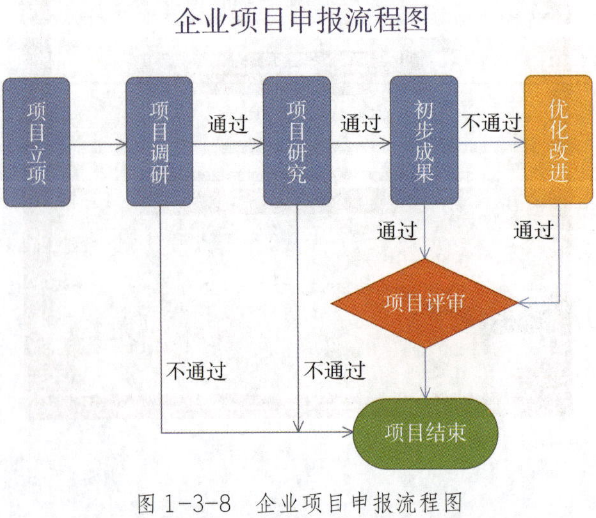

图 1-3-8 企业项目申报流程图

七、巩固与练习

1. 判断题

（1）在 WPS 文字中，可以设置文字边框、段落边框与页面边框。（ ）

（2）在 WPS 文字中，如果想使图片在文档中自由移动，可以将图片的环绕方式设置为“嵌入型”。（ ）

（3）在 WPS 文字中，艺术字是一种特殊的图形。（ ）

（4）在 WPS 文字中，文本框只能填充为单色。（ ）

（5）在 WPS 文字中，多个形状的图形可以进行组合。（ ）

2. 单选题

（1）在 WPS 文字中，预设的文本框类型不包括（ ）。

A. 竖向 B. 横向 C. 多行文字 D. 任意角度

（2）在 WPS 文字中，要插入艺术字，可以（ ）。

A. 单击“插入”选项卡中的“艺术字”下拉按钮

B. 单击“开始”选项卡中“字体”选项组“文字效果”下拉列表中的“艺术字”按钮

C. 单击“插入”选项卡中的“文本框”下拉按钮

D. 单击“插入”选项卡中的“图片”下拉按钮

（3）在 WPS 文字中，插入智能图形的默认布局方式是（ ）型。

A. 四周 B. 紧密 C. 嵌入 D. 上下

（4）在 WPS 文字中，为了使文字绕着插入的图片排列，可以进行的操作：插入图片，（ ）。

A. 设置环绕方式 B. 调整图片大小

C. 设置文本框位置 D. 设置叠放次序

（5）在 WPS 文字中，图片、艺术字、形状、文本框都在“（ ）”选项卡中。

A. 开始 B. 插入

C. 页面布局 D. 视图

（6）在 WPS 文字中，插入一个横排文本框后，下列描述中错误的是（ ）。

A. 不可以在文本框中插入图片

B. 在文本框中插入图片后，不能修改图片的环绕方式

C. 可以设置文本框的背景颜色和轮廓颜色

D. 可以设置文本框的环绕方式

（7）在 WPS 文字中，插入一张图片后，想去掉图片的背景颜色，可以选定图片，单击选择“图片工具”选项卡中的“(　　)”命令。

A. 抠除背景　　B. 设置图片　　C. 效果　　D. 色彩

（8）在 WPS 文字中，通过形状工具绘制一个正方形时，可配合（　　）键进行快速绘制。

A. Shift　　B. Ctrl　　C. Alt　　D. 空格

（9）在 WPS 文字中，已绘制了一个圆角矩形，以下可以复制该圆角矩形的操作是选定圆角矩形后，(　　)。

A. 按 Shift 键后拖动

B. 按 Ctrl 键后拖动

C. 按 Alt 键后拖动

D. 按空格键后拖动

（10）下列选项中，在 WPS 文字中不能对插入的图片进行的操作是（　　）。

A. 改变图片的大小　　B. 设置环绕方式

C. 修改图片中的文字　　D. 旋转

实训项目四
制作教室卫生评分表——WPS 文字表格的制作

一、实训任务

某学院学生会成员小郑需要制作一份教室卫生评分表，主要用于学院每周教室卫生评比，此评分表需包含星期一至星期五共 5 天的评分，最后还要对评分表分数进行汇总计算，如图 1-4-1 所示。

教室卫生评分表

第__周　20__年__月__日到20__年__月__日

班级		21网络安全高技①班		课室门牌		1栋302	
序号	项目＼星期	星期一	星期二	星期三	星期四	星期五	平均分
S-01	地面清洁	4	4	4	5	4	
S-02	黑板及讲台清洁	5	5	4	5	4	
S-03	窗户明亮	3	4	4	4	4	
S-04	课桌椅摆放整齐	4	5	4	5	3	
S-05	桌面无杂物	4	5	4	5	4	
S-06	垃圾桶无垃圾	5	5	5	4	5	
S-07	清洁工具摆放整齐	5	5	5	5	5	
S-08	公区清洁	4	4	4	4	4	
合计							
评分标准		优秀	较好	一般	差	极差	
		5	4	3	2	1	
学生科审核		签字： 年　月　日					

a）

教室卫生评分表

第__周　20__年__月__日到20__年__月__日

班级		21网络安全高技①班		课室门牌		1栋302	
序号	项目＼星期	星期一	星期二	星期三	星期四	星期五	平均分
S-01	地面清洁	4	4	4	5	4	4.20
S-02	黑板及讲台清洁	5	5	4	5	4	4.60
S-03	窗户明亮	3	4	4	4	4	3.80
S-04	课桌椅摆放整齐	4	5	4	5	3	4.20
S-05	桌面无杂物	4	5	4	5	4	4.40
S-06	垃圾桶无垃圾	5	5	5	4	5	4.80
S-07	清洁工具摆放整齐	5	5	5	5	5	5.00
S-08	公区清洁	4	4	4	4	4	4.00
合计		34	37	34	37	33	35
评分标准		优秀	较好	一般	差	极差	
		5	4	3	2	1	
学生科审核		签字： 年　月　日					

b）

图 1-4-1　教室卫生评分表

a）未计算表格数据的评分表　b）计算表格数据后的评分表

二、实训分析

要完成本实训项目，应按照图 1-4-2 所示的思维导图复习教材中学到的知识点和技能点。

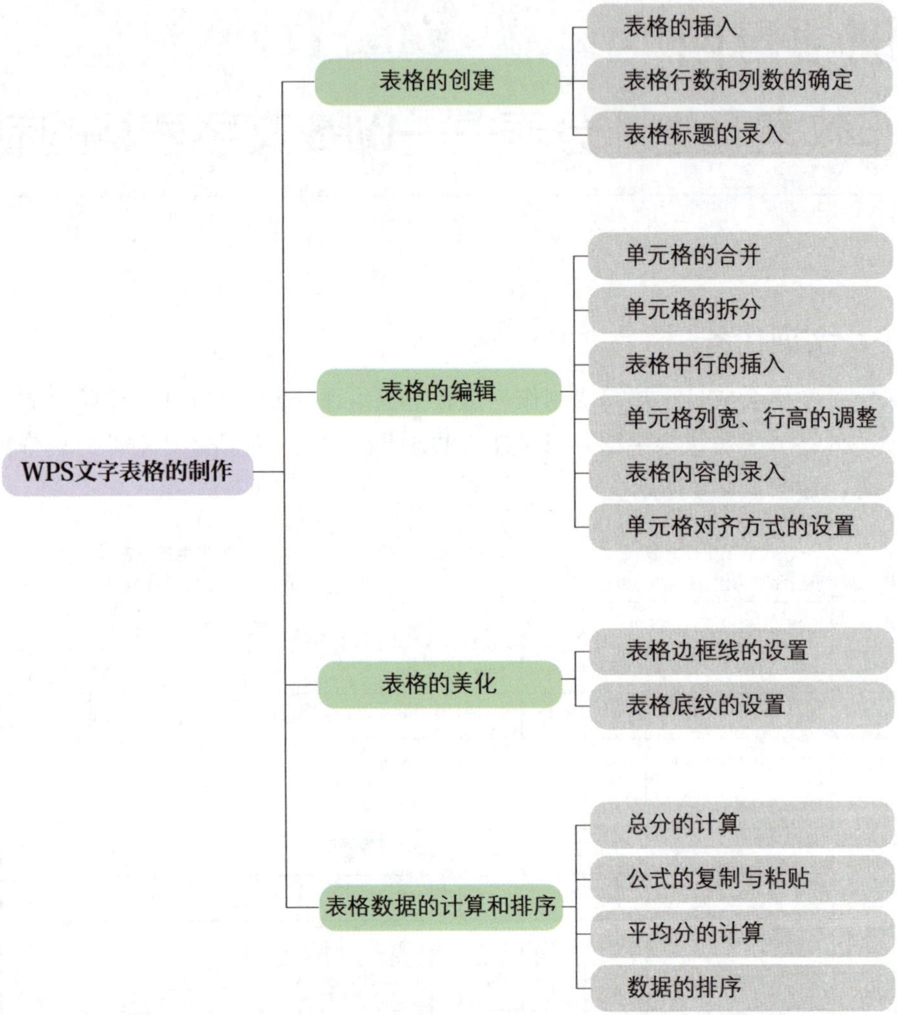

- WPS文字表格的制作
  - 表格的创建
    - 表格的插入
    - 表格行数和列数的确定
    - 表格标题的录入
  - 表格的编辑
    - 单元格的合并
    - 单元格的拆分
    - 表格中行的插入
    - 单元格列宽、行高的调整
    - 表格内容的录入
    - 单元格对齐方式的设置
  - 表格的美化
    - 表格边框线的设置
    - 表格底纹的设置
  - 表格数据的计算和排序
    - 总分的计算
    - 公式的复制与粘贴
    - 平均分的计算
    - 数据的排序

图 1-4-2　思维导图

本项目的内容是制作一份教室卫生评分表，制作过程中需先创建表格，再根据表格使用功能编辑表格，最后对表格数据进行计算。在完成项目的过程中，应根据表格的实用性来合并、拆分单元格，设置列宽、行高，使用公式计算表格数据，最后还要对表格进行适当的美化，以增强表格的实用性。

三、实训计划制订

根据实训任务分析，制订完成本项目的实训计划，填入表 1-4-1 中。

表 1-4-1　实训计划

序号	工作内容	所需时间
1		
2		
3		
4		

四、操作步骤提示

按照表 1-4-2 列出的操作步骤提示完成本项目。

表 1-4-2　操作步骤提示

序号	操作步骤	内容
1	新建并命名文档	在 WPS Office 程序中，新建一个空白的 WPS 文字文档，以“教室卫生评分表.docx”为文件名将其保存至学生文件夹中
2	创建表格	在文档的开头创建一个 8 列、13 行的表格；在表格上方录入标题“教室卫生评分表”，其格式设置为“宋体、四号、加粗、居中对齐”；换行继续录入文本“第__周　20__年__月__日到 20__年__月__日”，格式设置为“宋体、四号、加粗、居中对齐”
3	设置行高、列宽	将表格第 1 行至第 11 行的行高设置为“1.3 cm”，第 12 行的行高设置为“2 cm”，第 13 行的行高设置为“4 cm”，第 1 列的列宽设置为“1.5 cm”，第 2 列的列宽设置为“2.5 cm”，其他列宽设为“平均分布”
4	编辑表格	分别将第 1 行的第 1 列和第 2 列、第 3 列和第 4 列、第 5 列和第 6 列、第 7 列和第 8 列单元格合并为一个单元格；将第 11 行的第 1 列和第 2 列单元格合并为一个单元格；将第 12 行的第 1 列和第 2 列单元格合并为一个单元格，将第 3 列至第 8 列单元格合并为一个单元格后再拆分为 5 列、2 行；将第 13 行的第 1 列和第 2 列单元格合并为一个单元格，将第 3 列至第 8 列单元格合并为一个单元格
5	录入单元格文本	绘制表头，并录入表格内容，表格内容字体设置为“宋体”，字号设置为“五号”

续表

序号	操作步骤	内容
6	设置表格格式	将表格中所有单元格文本的对齐方式均设置为“水平居中”，将“签字”单元格文本调整至单元格右下角；将表格中“评分标准”行底纹设置为“矢车菊蓝，着色1，浅色80%”；将表格的所有边框设置为“1磅”的单实线
7	计算表格数据	使用求和公式和求平均值公式计算星期一至星期五的合计行数据及每一项内容的平均数据
8	保存文档	按组合键Ctrl+S保存文档

将实训过程中遇到的疑点、难点及相应的解决方法和心得体会记录在表1-4-3中，并在组内进行讨论和分享。

表1-4-3　经验和心得记录

序号	涉及的操作步骤	经验和心得

五、实训评价

实训项目完成后，以适当的形式在班级内展示学习成果，交流学习心得，并归纳、总结实训中的收获，纳入思维导图中。

采用学生自评、学生互评与教师评价相结合的多元评价方式，按照表1-4-4所列评价项目完成实训评价。

表 1-4-4　实训评价

序号	评价项目	评价要求	配分 / 分	学生自评（占比 30%）	学生互评（占比 30%）	教师评价（占比 40%）
1	自主复习	实训前能应用思维导图复习、总结学过的内容	5			
2	实训计划制订	对实训任务的分析准确、到位，有明确与可行的操作步骤	10			
3	项目实施及实训评价	操作熟练、得当，成果能满足任务要求，具体包括： 1. 能新建文档并正确命名文档（5 分） 2. 能创建表格，正确设置表格的行高、列宽，并编辑表格（25 分） 3. 能正确录入表格内容，并设置表格的格式（20 分） 4. 能正确计算表格数据（10 分） 5. 能使用正确的名称、文件类型和存储路径保存文件（10 分）	70			
4	成果展示及学习心得交流	成果展示与汇报时，能使用专业术语，口头表达准确，语言清晰流畅，发言声音洪亮，倾听汇报耐心，仪态大方	10			
5	自主总结	能对实训后的收获进行梳理、总结并纳入思维导图中	5			
6	6S 规范	每发现 1 次不符合规范的操作扣 2 分；若违反安全操作规范，实训成绩记 0 分	—			
		综合得分	100			

六、实训拓展

1. 制作课程表

学习委员小郭要制作一份课程表，制作完成后打印出来粘贴至教室学习栏中。要求新建 1 个空白的 WPS 文字文档，在文档中创建、编辑并美化、完善课程表，参考图 1-4-3 所示的效果自行设计，完成课程表的制作。

课程表

星期 科目 时间	星期一	星期二	星期三	星期四	星期五
第 1 节	语文	数学	英语	思政	英语
第 2 节	语文	数学	英语	思政	英语
第 3 节	计算机基础	体育	电工基础	语文	电子元器件
第 4 节	计算机基础	体育	电工基础	语文	电子元器件
第 5 节	电工基础	电子元器件	计算机基础	数学	电工基础
第 6 节	电工基础	电子元器件	计算机基础	数学	电工基础

a）

课程表

星期 科目 时间	星期一	星期二	星期三	星期四	星期五
第 1 节	语文	数学	英语	思政	英语
第 2 节	语文	数学	英语	思政	英语
第 3 节	计算机基础	体育	电工基础	语文	电子元器件
第 4 节	计算机基础	体育	电工基础	语文	电子元器件
午休					
第 5 节	电工基础	电子元器件	计算机基础	数学	电工基础
第 6 节	电工基础	电子元器件	计算机基础	数学	电工基础
第二课堂					

b）

图 1-4-3 课程表

a）创建并编辑课程表 b）美化并完善课程表

2. 制作求职简历表

21 电气①班的学生即将开展校外实践，每位学生需要为自己制作一份求职简历表，参考图 1-4-4 所示的效果自行设计，并根据自身情况补全内容，完成求职简历表的制作。

求职简历表

<table>
<tr><td>姓名</td><td></td><td>性别</td><td></td><td>民族</td><td></td><td rowspan="5">照片</td></tr>
<tr><td>出生年月</td><td></td><td>身高</td><td></td><td>政治面貌</td><td></td></tr>
<tr><td>身份证号</td><td colspan="5"></td></tr>
<tr><td>联系电话</td><td colspan="2"></td><td>毕业学校</td><td colspan="2"></td></tr>
<tr><td>所学专业</td><td colspan="2"></td><td>学制</td><td colspan="2"></td></tr>
<tr><td>现居地址</td><td colspan="6"></td></tr>
<tr><td>教育背景</td><td colspan="6"></td></tr>
<tr><td>实践经验</td><td colspan="6"></td></tr>
<tr><td>技能特长</td><td colspan="6"></td></tr>
<tr><td>技能证书</td><td colspan="6"></td></tr>
<tr><td>自我评价</td><td colspan="6"></td></tr>
</table>

图 1-4-4 求职简历表

3. 计算演讲比赛决赛成绩并排序

某学院学生会举办了演讲比赛，学生会成员小赵协助统计比赛成绩并制作成绩表。打开素材中的“演讲比赛决赛成绩表.docx”，参考图 1-4-5 所示的效果，完成表格数据的计算并美化表格。

演讲比赛决赛成绩表

选手编号	评委 1	评委 2	评委 3	平均分
A-001	97.5	96	95.5	96.33
A-002	95	94.5	96	95.17
A-003	98	97.5	96.5	97.33
A-004	94	95.5	94	94.50
A-005	96.5	98	97	97.17
A-006	94.5	94.5	95	94.67

a）

演讲比赛决赛成绩表

选手编号	评委 1	评委 2	评委 3	平均分
A-003	98	97.5	96.5	97.33
A-005	96.5	98	97	97.17
A-001	97.5	96	95.5	96.33
A-002	95	94.5	96	95.17
A-006	94.5	94.5	95	94.67
A-004	94	95.5	94	94.50

b）

图 1-4-5 演讲比赛决赛成绩表

a）计算表格数据 b）美化后的表格

4. 统计车间产品情况并排序

某机械厂车间赵主管需要统计车间不合格产品和合格产品的数量，并将其制作成表格。打开素材中的“机械厂车间产品情况统计表.docx”，参考图 1-4-6 所示的效果，完成表格数据的计算并美化表格。

机械厂车间产品情况统计表				
车间	产品型号	不合格产品 / 个	合格产品 / 个	合计 / 个
第一车间	M-01	38	5200	5238
第二车间	M-01	45	5300	5345
第三车间	M-02	50	6750	6800
第四车间	M-02	40	6760	6800
第五车间	M-03	28	5500	5528
第六车间	M-03	32	5800	5832
总合计 / 个		233	35310	35543

a）

机械厂车间产品情况统计表				
车间	产品型号	不合格产品 / 个	合格产品 / 个	合计 / 个
第四车间	M-02	40	6760	6800
第三车间	M-02	50	6750	6800
第六车间	M-03	32	5800	5832
第五车间	M-03	28	5500	5528
第二车间	M-01	45	5300	5345
第一车间	M-01	38	5200	5238
总合计 / 个		233	35310	35543

b）

图 1-4-6 机械厂车间产品情况统计表

a）计算表格数据 b）美化后的表格

5. 制作员工入职登记表

员工入职企业时，需要填写一份员工入职登记表，参考图 1-4-7 所示的效果，制作员工入职登记表。

员工入职登记表

<table>
<tr><td>姓名</td><td></td><td>性别</td><td></td><td>民族</td><td></td><td>出生日期</td><td></td><td rowspan="5">照片</td></tr>
<tr><td>籍贯</td><td></td><td>政治面貌</td><td></td><td>婚姻状况</td><td colspan="3">□未婚 □已婚 □离异</td></tr>
<tr><td rowspan="3">联系方式</td><td>身份证号</td><td colspan="2"></td><td>最高学历</td><td colspan="3"></td></tr>
<tr><td>户籍地址</td><td colspan="2"></td><td>专　业</td><td colspan="3"></td></tr>
<tr><td>联系电话</td><td colspan="2"></td><td>毕业学校</td><td colspan="3"></td></tr>
<tr><td colspan="2">专业技术等级</td><td colspan="2"></td><td>计算机
熟练程度</td><td>□精通 □熟练
□一般 □不会</td><td>驾驶证</td><td colspan="2"></td></tr>
<tr><td rowspan="5">教育经历</td><td colspan="2">起止时间</td><td colspan="2">学校名称</td><td colspan="2">学历</td><td colspan="2">专业</td></tr>
<tr><td colspan="2"></td><td colspan="2"></td><td colspan="2"></td><td colspan="2"></td></tr>
<tr><td colspan="2"></td><td colspan="2"></td><td colspan="2"></td><td colspan="2"></td></tr>
<tr><td colspan="2"></td><td colspan="2"></td><td colspan="2"></td><td colspan="2"></td></tr>
<tr><td colspan="2"></td><td colspan="2"></td><td colspan="2"></td><td colspan="2"></td></tr>
<tr><td rowspan="5">工作经历</td><td colspan="2">起止时间</td><td colspan="2">工作单位</td><td colspan="2">职务</td><td colspan="2">离职原因</td></tr>
<tr><td colspan="2"></td><td colspan="2"></td><td colspan="2"></td><td colspan="2"></td></tr>
<tr><td colspan="2"></td><td colspan="2"></td><td colspan="2"></td><td colspan="2"></td></tr>
<tr><td colspan="2"></td><td colspan="2"></td><td colspan="2"></td><td colspan="2"></td></tr>
<tr><td colspan="2"></td><td colspan="2"></td><td colspan="2"></td><td colspan="2"></td></tr>
<tr><td rowspan="4">家庭成员</td><td colspan="2">姓名</td><td>关系</td><td>年龄</td><td colspan="2">工作单位</td><td colspan="2">联系电话</td></tr>
<tr><td colspan="2"></td><td></td><td></td><td colspan="2"></td><td colspan="2"></td></tr>
<tr><td colspan="2"></td><td></td><td></td><td colspan="2"></td><td colspan="2"></td></tr>
<tr><td colspan="2"></td><td></td><td></td><td colspan="2"></td><td colspan="2"></td></tr>
<tr><td>员工申明与确认</td><td colspan="8">1. 公司已经告知员工本人工作内容、工作条件、工作地点、职业危害、安全生产状况、劳动报酬以及岗位职责，并随时接受公司岗位职责考核。
2. 本人承诺愿意服从公司的管理，并遵守公司制定的各项规章制度。
3. 本人保证，提供的所有资料全部属实。如有弄虚作假或隐瞒的情况，属于严重违反公司规章制度，公司有权立即解除劳动合同。如有这种情况出现，本人愿意承担由此引起的一切法律后果。
本人签名：
日　期：　　年　月　日</td></tr>
</table>

图 1-4-7　员工入职登记表

6. 制作客户满意度调查表

参考图 1-4-8 所示的效果，制作客户满意度调查表。

客户满意度调查表

非常感谢您对我公司的大力支持，为了完善我们的产品及服务，提高客户的满意度，请您在百忙之中抽出宝贵的时间填写此表，我们将在日后的服务中进行改进。

谢谢您的帮助！

客户资料				
客户名称		部门/职位		
联系电话		购买产品型号		
产品质量和使用方面（请在所选项划“√”）				
调查项目	非常满意	满意	基本满意	不满意
1. 产品的功能	☐	☐	☐	☐
2. 产品的稳定性、兼容性	☐	☐	☐	☐
3. 产品调试的便捷性	☐	☐	☐	☐
4. 产品说明书的实用性	☐	☐	☐	☐
5. 更换新品的速度（及时性）	☐	☐	☐	☐
服务方面（请在所选项划“√”）				
调查项目	非常满意	满意	基本满意	不满意
1. 业务人员的态度	☐	☐	☐	☐
2. 咨询服务的专业性	☐	☐	☐	☐
3. 为解决问题回复的及时率	☐	☐	☐	☐
4. 问题投诉的回复质量	☐	☐	☐	☐
5. 产品交付的及时性	☐	☐	☐	☐
6. 维修产品的返回速度（及时性）	☐	☐	☐	☐
对产品、服务及公司的意见或建议				
请将填好的调查表回传至257***@qq.com，感谢您的大力支持！				

图1-4-8 客户满意度调查表

七、巩固与练习

1. 判断题

（1）在WPS文字中，表格中单元格的高度、宽度可以在“表格工具”选项卡中进行设置。（ ）

（2）在WPS文字中，删除表格的方法是将整个表格选定后按Delete键。（ ）

（3）在WPS文字中，表格中的单元格可以进行合并与拆分。（ ）

（4）在WPS文字中，表格的单元格中不能添加项目符号或编号。（ ）

（5）在WPS文字中，表格的行、列和单元格都可以进行增加或删除操作。（ ）

2. 单选题

（1）在 WPS 文字中，以下关于绘制一个新表格的说法中错误的是（　　）。

A. 使用虚拟表格插入　　B. 在“边框和底纹”对话框中完成

C. 使用“插入表格”对话框　　D. 使用“绘制表格”命令

（2）在 WPS 文字中，下列选项中不是表格中单元格文本对齐方式的是（　　）。

A. 水平居中　　B. 垂直居中

C. 中部两端对齐　　D. 中部右对齐

（3）在 WPS 文字中，在“表格属性”对话框中不可以设置的是（　　）。

A. 表格的宽度　　B. 单元格的行高、列宽

C. 表格的对齐方式　　D. 合并单元格

（4）在 WPS 文字中，如果对表格执行了“平均分布各行”命令，（　　）。

A. 表格行高都调整为原有行高中的最大值

B. 表格行高都调整为原有行高中的最小值

C. 表格行高都调整为原有行高中的预设值

D. 表格各行高度为原各行高度总和的平均数

（5）在 WPS 文字中，插入一个表格后，当鼠标指针在表格中的某一个单元格内变为向右箭头时，双击鼠标后，（　　）。

A. 整个表格被选定

B. 鼠标指针所在的一行被选定

C. 鼠标指针所在的一个单元格被选定

D. 表格中没有被选定的部分

（6）在 WPS 文字中，下列关于单元格列宽的说法中正确的是（　　）。

A. 不能单独设置某个单元格的宽度

B. 可以先选定单元格，使用拖动单元格竖线的方法调整单元格的宽度

C. 可以通过“表格属性”对话框中的“列”设置单元格的列宽

D. 可以通过“表格属性”对话框中的“表格”设置单元格的列宽

（7）在 WPS 文字中，插入一个表格后，选定表格并按 Delete 键，则（　　）。

A. 表格中的内容被全部删除

B. 表格和内容被全部删除

C. 表格被删除，但表格中的内容未被删除

D. 表格中插入点所在的行被删除

（8）下列选项中，（　　）是对WPS文字中表格的正确描述。

A. 文本和表格可以互相转换

B. 可以将文本转换为表格，但不能将表格转换为文本

C. 文本和表格不能互相转换

D. 可以将表格转换为文本，但不能将文本转换为表格

（9）在WPS文字中，一个单元格最多能拆分为（　　）。

A. 15行63列　　B. 63行15列　　C. 13行59列　　D. 59行13列

（10）在WPS文字中，需要对表格数据进行计算，以下公式中使用正确的是（　　）。

A. SUM（RIGHT）　　B. =SUM（RIGHT）

C. =MAX（）　　D. =AVERAGE（LEFT）\@“0.00”

实训项目五

制作学校体育场馆管理手册——WPS 文字排版的综合应用

一、实训任务

在新学期来临之际，体育教学部需要将学校体育场馆管理办法，塑胶田径场、篮球场、羽毛球馆、乒乓球馆等场馆的管理制度，整理汇编为学校体育场馆管理手册，方便新入学的学生阅读学习，如图 1–5–1 所示。

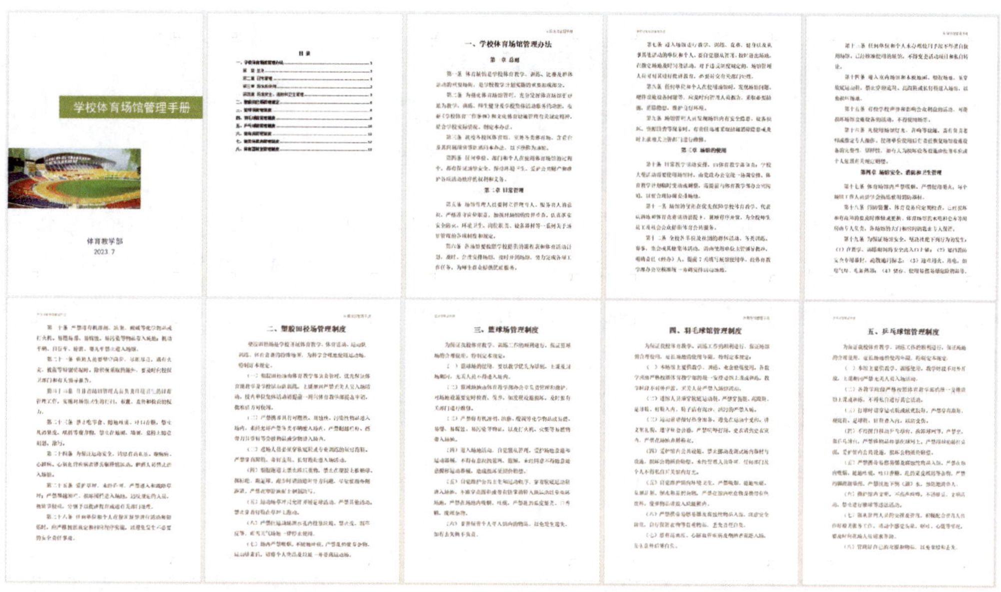

图 1–5–1　学校体育场馆管理手册

二、实训分析

要完成本实训项目，应按照图 1–5–2 所示的思维导图复习教材中学到的知识点和技能点。

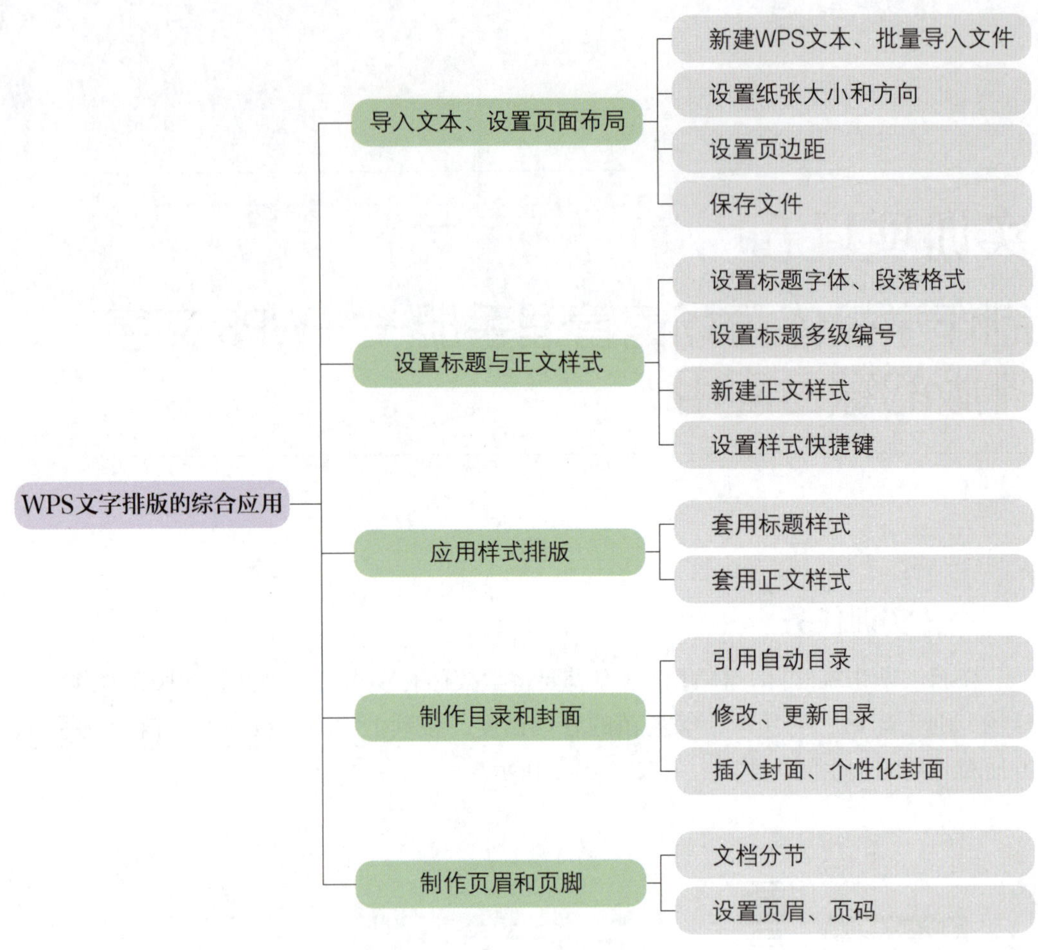

图 1-5-2 思维导图

本项目需要根据所提供的文字素材，完成学校体育场馆管理手册的编辑与排版，制作过程中涉及 WPS 文档中的页面布局，各级标题、正文样式的设置、文字排版，目录封面及页眉页脚的设置等。在完成项目的过程中，应熟悉各项功能在 WPS 文字中的使用方法、技巧。

三、实训计划制订

根据实训任务分析，制订完成本项目的实训计划，填入表 1-5-1 中。

表 1-5-1 实训计划

序号	工作内容	所需时间

续表

序号	工作内容	所需时间

四、操作步骤提示

按照表 1–5–2 列出的操作步骤提示完成本项目。

表 1–5–2　操作步骤提示

序号	操作步骤	内容
1	导入文本	新建一个空白的 WPS 文字文档，批量导入“体育场馆管理办法.docx”“塑胶田径场.docx”“篮球场.docx”等素材文件，以“学校体育场馆管理手册.docx”为文件命名将其保存至学生文件夹中
2	设置页面布局	设置文档纸张大小为“A4”，页边距设置为“上：3.7 厘米，下：3.5 厘米，左：2.8 厘米，右：2.6 厘米”
3	设置标题样式	设置一级标题样式：修改样式“标题 1”的字体为“宋体、二号、加粗、居中对齐”，编号样式为“一，二，三，...”，组合键为 Alt+A
		设置二级标题样式：修改样式“标题 2”的字体为“宋体、三号、加粗、居中对齐”，组合键为 Alt+S
4	新建正文样式	新建正文样式，命令为“正文仿宋三号”，设置其字体为“仿宋、三号”；设置段落格式为“两端对齐、首行缩进 2 字符、间距段前（后）为 0 行、行距 28 磅”；编号样式为“(一)，(二)，(三)，...”，组合键为 Alt+Z
5	应用样式排版	选中所有一级标题（如“学校体育场馆管理办法”“塑胶田径场管理制度”等），按组合键 Alt+A，完成一级标题应用“标题 1”样式的排版
		选中所有二级标题（如“第一章 总则”“第二章 日常管理”等），按组合键 Alt+S，完成二级标题应用“标题 2”样式的排版
		选中正文，按组合键 Alt+Z，套用“正文仿宋三号”样式，完成正文的排版

续表

序号	操作步骤	内容
6	制作目录	插入一页空白页作为目录页；在空白页中插入目录，选择显示第 1 级和第 2 级标题
		设置第 1 级目录的字体为“宋体、小四、加粗”；设置第 2 级目录的字体为“宋体、小四”
		设置目录区域的段落格式为“两端对齐、间距段前（后）为 0 行、行距 28 磅”
7	制作封面	插入一页空白页作为封面页；输入标题“学校体育场馆管理手册”和单位、日期信息；调整文字大小和颜色，移动文字至合适位置
		插入场馆图片，调整位置和大小，设置环绕方式，应用图文混排技巧，美化封面并完成设计
8	制作页眉和页脚	将光标定位在目录页的末尾，插入“下一页分节符”，对目录和正文进行分节
		进入页眉页脚编辑状态，选择“首页不同”和“奇偶页不同”两个选项，在奇数页页眉处输入“体育场馆管理手册”，在偶数页页眉处插入“域”选择“样式引用”选项，退出编辑模式完成设置
		双击正文页面底端，单击“插入页码”按钮，在弹出的“页码设置”对话框中，选择样式，设置应用范围为“本节”，设置页面编号为“从 1 开始”，关闭页眉页脚编辑，完成正文页码设置
9	保存文档	按组合键 Ctrl+S 保存文档

将实训过程中遇到的疑点、难点及相应的解决方法和心得体会记录在表 1–5–3 中，并在组内进行讨论和分享。

表 1–5–3　经验和心得记录

序号	涉及的操作步骤	经验和心得

五、实训评价

实训项目完成后，以适当的形式在班级内展示学习成果，交流学习心得，并归纳、总结实训中的收获，纳入思维导图中。

采用学生自评、学生互评与教师评价相结合的多元评价方式，按照表 1-5-4 所列评价项目完成实训评价。

表 1-5-4　实训评价

序号	评价项目	评价要求	配分 / 分	学生自评（占比 30%）	学生互评（占比 30%）	教师评价（占比 40%）
1	自主学习	实训前能应用思维导图复习、总结学过的内容	5			
2	实训计划制订	对实训任务的分析准确、到位，有明确与可行的操作步骤	10			
3	项目实施及实训评价	操作熟练、得当，成果能满足任务要求，具体包括： 1. 能新建文档并正确命名文档，批量导入素材文件（5 分） 2. 能正确设置页面的布局，正确设置各级标题样式和正文样式（25 分） 3. 能正确应用标题和正文样式完成文档的编辑排版（15 分） 4. 能正确生成目录，正确设置页眉页脚，完成封面的制作（15 分） 5. 能及时记录实训过程中遇到的疑点、难点及处理方法（10 分）	70			
4	成果展示及学习心得交流	成果展示与汇报时，能使用专业术语，口头表达准确，语言清晰流畅，发言声音响亮，倾听汇报耐心，仪态大方	10			
5	自主学习	能对实训后的收获进行梳理、总结并纳入思维导图中	5			
6	6S 规范	每发现 1 次不符规范的操作扣 2 分；若违反安全操作规范，实训成绩记 0 分	—			
综合得分						

六、实训拓展

1. 根据所给素材及参考图片，使用WPS文字软件进行文字输入、排版与美化，完成语文博物馆2023年鉴文档的编辑，如图1-5-3所示。

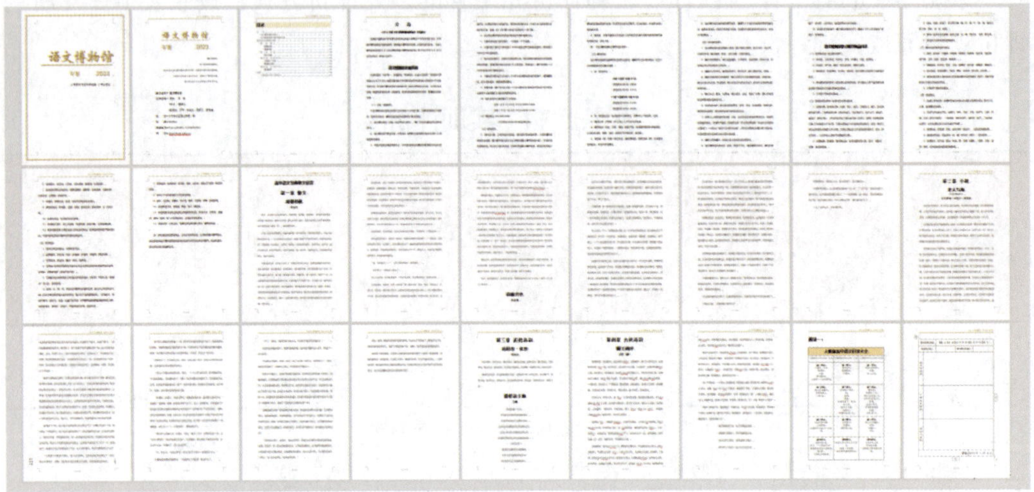

图1-5-3　语文博物馆2023年鉴

2. 收集来自权威媒体推荐的励志古诗词，汇编成图1-5-4所示的古诗词便携读本，排版要求如下。

（1）纸张大小设置为A4。

（2）每页分二栏，左栏放古诗词，右栏为诵读记录，设有“我的感悟”“诵读日期”等条目。

（3）为该读本配上封面、目录、页眉及页脚。

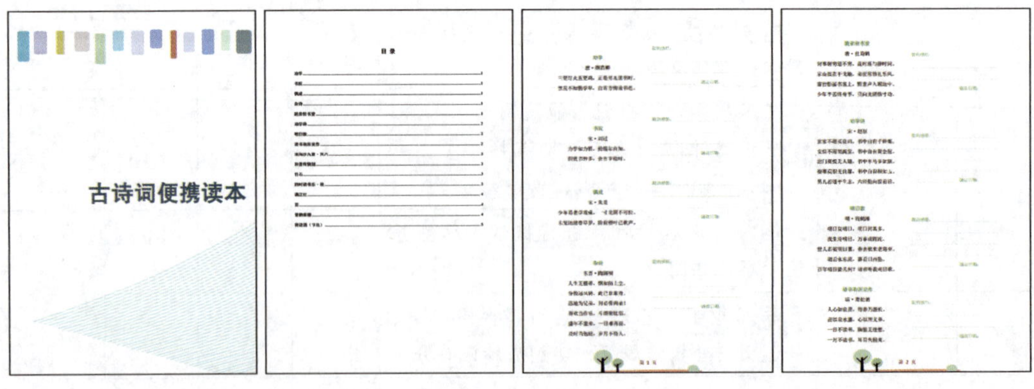

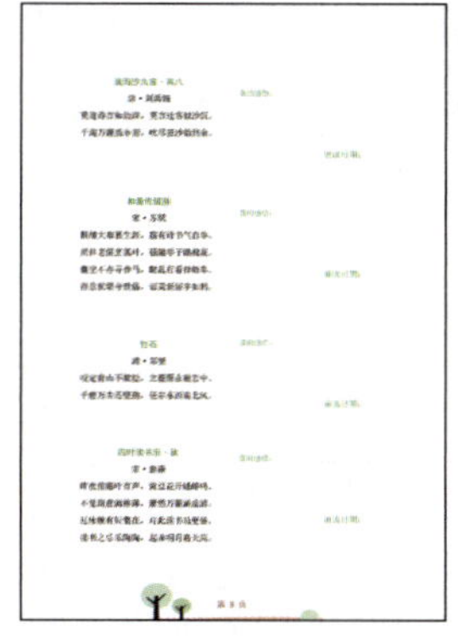
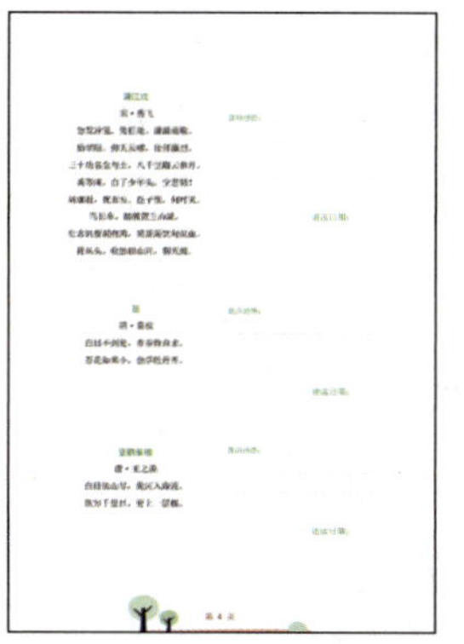
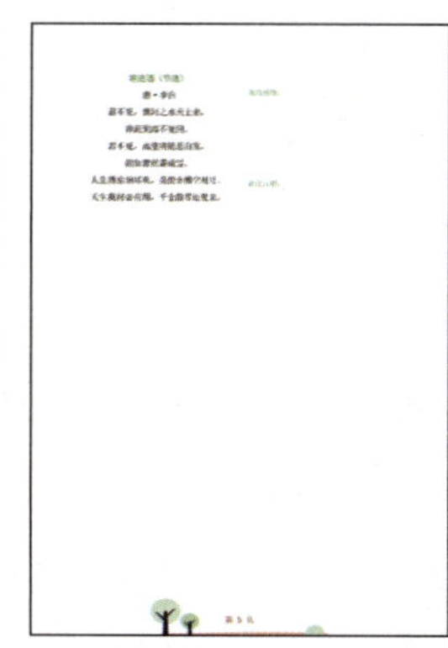

图 1-5-4 古诗词便携读本

3. 根据所给素材，使用 WPS 文字软件进行文本的排版与美化，完成学校小报文档的编辑，如图 1-5-5 所示。

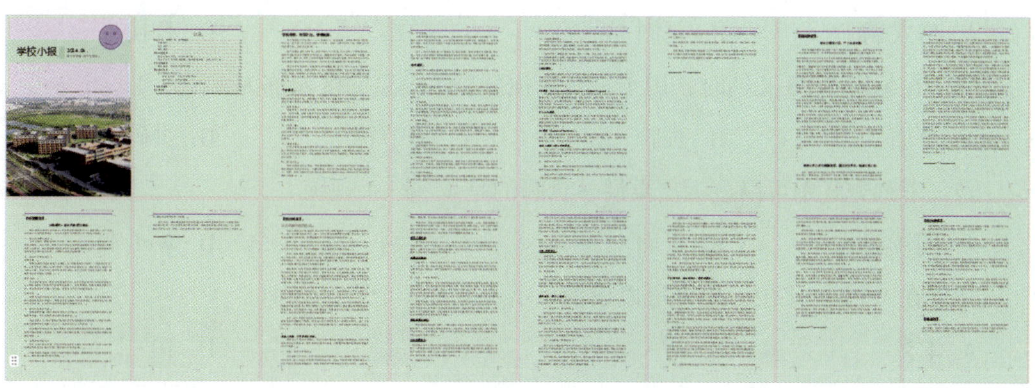

图 1-5-5 学校小报

七、巩固与练习

1. 判断题

（1）在 WPS 文字中，长文档要实现自动生成目录，必须先设置好各级标题样式。（ ）

（2）在 WPS 文字中，创建目录时不能设置目录的显示级别。（ ）

（3）在 WPS 文字中，导航窗格主要应用于长文档的编辑与浏览。（ ）

（4）在长文档编辑中，相同级别的文本一般有相同的格式，使用样式格式化效率最高。（ ）

（5）在 WPS 文字中，正文的大纲级别是正文文本。（ ）

2. 单选题

（1）在 WPS 文字中，“页面设置”对话框中不能进行的操作是（ ）的设置。

A. 纸张大小 B. 页面方向 C. 页边距 D. 打印份数

（2）在 WPS 文字中，设置标题样式的命令按钮在“（ ）”选项卡中。

A. 插入 B. 开始 C. 页面 D. 引用

（3）在创建目录前，需要在（ ）视图下设置标题的级别。

A. 普通 B. 页面 C. 大纲 D. 阅读版式

（4）在 WPS 文字中，自动生成目录使用的是（ ）按钮。

A.“引用”选项卡中的“目录”

B.“插入”选项卡中的“交叉引用”

C.“视图”选项卡中的“Web 版式”

D.“章节”选项卡中的“章节导航”

（5）在 WPS 文字中，若想使标题格式相同，可以使用（ ）。

A. 格式刷 B. 复制 C. 粘贴 D. 替换

（6）在编辑 WPS 文档时，用于每一页顶部显示信息的区域称为（ ）。

A. 页眉 B. 页脚 C. 分节符 D. 页码

（7）下列方式中可以显示出页眉、页脚的是（ ）视图。

A. 阅读版式 B. 页面 C. 大纲 D. Web 版式

（8）在 WPS 文字中，最多可以设置显示（ ）个目录级别。

A. 4 B. 8 C. 9 D. 10

（9）在（ ）中可以设置编号为“23 年级 1 班、23 年级 2 班、23 年级 2 班……”。

A.“开始”—“编号”—“自定义编号” B.“插入”—“编号”—“设置编号”

C.“开始”—“编号”—“设置编号” D.“插入”—“编号”—“新建编号”

（10）以下关于 WPS 文档“节”的描述中，错误的是（ ）。

A. 可以对一篇文档设定多个节

B. 各节的页码只能从 1 开始重新编排

C. 不能对不同的节设定不同的页码

D. 在 WPS 文字中，默认整篇文档为一节

模块二

WPS 表格数据分析

实训项目一

制作学生成绩表——WPS 表格数据的录入与编辑

一、实训任务

刘老师有几份班级学生的纸质成绩单，现在需要将各科的成绩单汇总为一份成绩单，目前刘老师已经完成一部分数据的录入，还有一部分数据待录入，邀请学生小王协助完成成绩表的制作。学生成绩表如图 2-1-1 所示。

	A	B	C	D	E	F	G
1	009	王景天	68	75	90	65	80
2	010	赵海逸	75	70	88	68	75
3	011	张子涵	82	95	80	84	78
4	012	张冠智	76	85	70	92	82
5	013	罗钰轩	63	61	58	59	60
6	014	周雨泽	65	60	76	68	69
7	015	李漫妮	85	73	84	90	74
8	016	孙嫦曦	63	65	60	54	70
9	017	王梦洁	84	73	79	85	86
10	018	张晟涵	61	55	56	60	64
11	019	孙文昊	93	92	95	90	88
12	020	李熙栋	90	71	90	88	93

a）

	A	B	C	D	E	F	G
1	序号	姓名	思政	语文	数学	英语	计算机
2		张丽	95	89	90	86	87
3		张昊明	65	65	62	63	55
4		何智宇	85	85	85	82	83
5		郭星泽	90	92	94	89	93
6		黄凌萱	78	86	65	81	69
7		梁晓霜	89	90	92	90	92
8		侯晗翌	87	92	93	91	91
9		胡乐岚	80	83	85	87	91

b）

	A	B	C	D	E	F	G
1	学生成绩表						
2	序号	姓名	思政	语文	数学	英语	计算机
3	001	张丽	95	89	90	86	87
4	002	张昊明	65	65	62	63	55
5	003	何智宇	85	85	85	82	83
6	004	郭星泽	90	92	94	89	93
7	005	黄凌萱	78	86	65	81	69
8	006	梁晓霜	89	90	92	90	92
9	007	侯晗翌	87	92	93	91	91
10	008	胡乐岚	80	83	85	87	91
11	009	王景天	68	75	90	65	80
12	010	赵海逸	75	70	88	68	75
13	011	张子涵	82	95	80	84	78
14	012	张冠智	76	85	70	92	82
15	013	罗钰轩	63	61	58	59	60
16	014	周雨泽	65	60	76	68	69
17	015	李漫妮	85	73	84	90	74
18	016	孙嫦曦	63	65	60	54	70
19	017	王梦洁	84	73	79	85	86
20	018	张晟涵	61	55	56	60	64
21	019	孙文昊	93	92	95	90	88
22	020	李熙栋	90	71	90	88	93

c）

图 2-1-1 学生成绩表

a）已录入的表格数据 b）待录入的表格数据 c）完成后的成绩表效果

二、实训分析

要完成本实训项目，应按照图 2-1-2 所示的思维导图复习教材中学到的知识点和技能点。

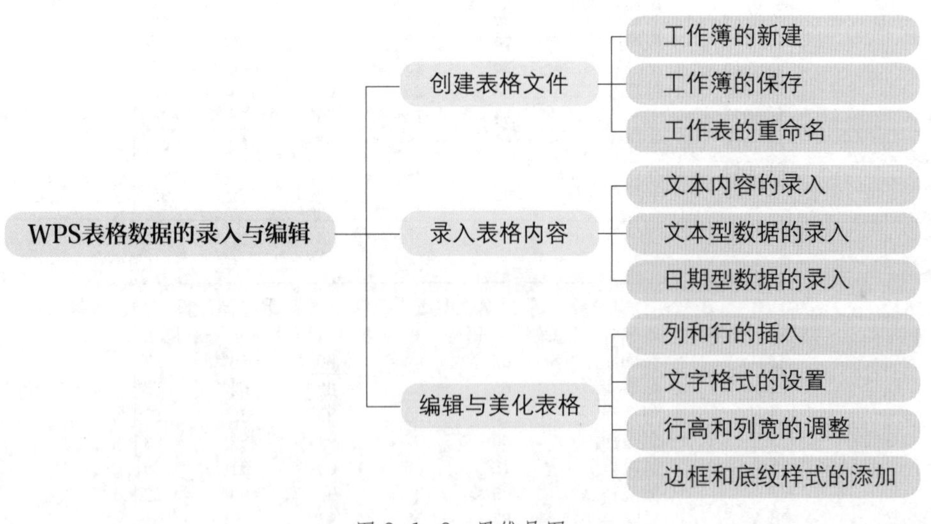

图 2-1-2 思维导图

本项目要制作一份学生成绩表，先新建一个空白的电子表格，将未录入的数据录入新工作表中，再将已录入的数据复制到新工作表中合成一份数据，最后美化成绩表。在完成项目的过程中，应注意录入不同类型数据的方法和技巧，以及编辑单元格的方法等。

三、实训计划制订

根据任务分析，制订完成本项目的实训计划，填入表 2–1–1 中。

表 2–1–1　实训计划

序号	工作内容	所需时间
1		
2		
3		
4		

四、操作步骤提示

按照表 2–1–2 列出的操作步骤提示完成本项目。

表 2–1–2　操作步骤提示

序号	操作步骤	内容
1	创建表格文件	新建一个空白的电子表格，以“学生各科成绩汇总表.xlsx”为文件名将其保存至学生文件夹中
2		将 Sheet1 工作表重命名为“学生成绩表”
3	录入表格内容	在 A1 单元格中录入内容“序号”；在 A2 单元格中录入“001”，使用填充柄向下填充至 A9 单元格，完成序号的录入；打开素材文件“成绩 b.xlsx”，将 Sheet1 工作表中的所有内容复制到“学生各科成绩汇总表.xlsx”中的“学生成绩表”工作表的 A10：G21 单元格区域中
4	编辑表格	在第 1 行的上方插入 1 行，在 A1 单元格中录入内容“学生成绩表”，将单元格区域 A1：G1 合并后居中，设置其字体为“宋体、字号为 14”，字形设置为“加粗”；将单元格区域 A2：G2 的字体设为“宋体”，字号设置为“12”，字形设置为“加粗”，并填充“矢车菊蓝，着色 5，浅色 80%”底纹；将单元格区域 A2：G22 中文本的对齐方式设置为“水平居中、垂直居中”

续表

序号	操作步骤	内容
5	美化表格	将单元格区域 A2：G22 的外边框颜色设置为“矢车菊蓝，着色 5”的双实线，内部框线颜色设置为“矢车菊蓝，着色 5，浅色 40%”的单实线；将第 1 行行高设置为“25 磅”，其余行高设置为“18 磅”；所有列列宽设置为“10 字符”
6	保存文档	按组合键 Ctrl+S 保存文档

将实训过程中遇到的疑点、难点及相应的解决方法和心得体会记录在表 2–1–3 中，并在组内进行讨论和分享。

表 2–1–3　经验和心得记录

序号	涉及的操作步骤	经验和心得

五、实训评价

实训项目完成后，以适当的形式在班级内展示学习成果，交流学习心得，并归纳、总结实训中的收获，纳入思维导图中。

采用学生自评、学生互评与教师评价相结合的多元评价方式，按照表 2–1–4 所列评价项目完成实训评价。

表 2-1-4　实训评价

序号	评价项目	评价要求	配分 / 分	学生自评（占比 30%）	学生互评（占比 30%）	教师评价（占比 40%）
1	自主复习	实训前能应用思维导图复习、总结学过的内容	5			
2	实训计划制订	对实训任务的分析准确、到位，有明确与可行的操作步骤	10			
3	项目实施及实训评价	操作熟练、得当，成果能满足任务要求，具体包括： 1. 能新建工作表并正确命名工作表（5 分） 2. 能在单元格中录入不同类型的数据（20 分） 3. 能正确插入行、合并单元格、编辑单元格的格式（20 分） 4. 能美化表格并设置行高、列宽（15 分） 5. 能使用正确的名称、文件类型和存储路径保存文件（10 分）	70			
4	成果展示及学习心得交流	成果展示与汇报时，能使用专业术语，口头表达准确，语言清晰流畅，发言声音洪亮，倾听汇报耐心，仪态大方	10			
5	自主总结	能对实训后的收获进行梳理、总结并纳入思维导图中	5			
6	6S 规范	每发现 1 次不符合规范的操作扣 2 分；若违反安全操作规范，实训成绩记 0 分	—			
		综合得分	100			

六、实训拓展

1. 制作员工值班表

某企业主管根据企业值班制度要对员工进行值班排班，值班时间分为白班、中班、晚班 3 个时间段，每个时间段要安排一名值班领导和一名值班人员。按要求完成值班表信息的录入，并对表格进行美化处理，如图 2-1-3 所示。

	A	B	C	D	E	F
1	日期	星期	时间段	值班领导	值班人员	备注
2	2021年9月1日	星期三	白班	梁伟杰	张弘辉	
3			中班	罗芳洁	刘宇	
4			晚班	何喆	梁珂仪	
5	2021年9月2日	星期四	白班	张晓晨	徐颖	
6			中班	张佩仪	李泽天	
7			晚班	吴瀚辰	许曼妮	
8	2021年9月3日	星期五	白班	梁伟杰	张弘辉	
9			中班	罗芳洁	刘宇	
10			白班	喆	梁珂仪	
11			白班			
12			中班			
13			晚班			
14						
15						

a）

	A	B	C	D	E	F	G	H
1	**第一周值班表**							
2	日期	星期	时间段	值班领导	联系电话	值班人员	联系电话	备注
3	2021年9月1日	星期三	白班	梁伟杰		张弘辉		
4			中班	罗芳洁		刘宇		
5			晚班	何喆		梁珂仪		
6	2021年9月2日	星期四	白班	张晓晨		徐颖		
7			中班	张佩仪		李泽天		
8			晚班	吴瀚辰		许曼妮		
9	2021年9月3日	星期五	白班	梁伟杰		张弘辉		
10			中班	罗芳洁		刘宇		
11			白班	何喆		梁珂仪		

b）

图 2-1-3 员工值班表

a）员工值班表数据录入 b）美化后的员工值班表

2. 制作报销单

某企业出纳员小张为提高企业人员报销工作效率，需要制作一份电子版报销单提供给员工，在计算机中填写后直接打印使用，参考图 2-1-4 所示的效果完成报销单的制作。

报销单											
报销部门	年 月 日									单据及附件共 页	
报销项目	摘要	金额								备注	
		百	十	万	千	百	十	元	角	分	
										领导审批	
合计											
金额大写：佰 拾 万 仟 佰 拾 元 角		原借款： 元								应补（退）款： 元	
会计主管	复核	出纳								报销人	

图 2-1-4 报销单

3. 制作员工出勤汇总表

员工出勤汇总表是统计企业员工是否正常出勤的表格，也是为员工结算工资的凭证之一，员工出勤汇总表中包含应出勤天数、实际出勤天数、公差、请假等内容，如图 2-1-5 所示。

____年____月　员工出勤汇总表											
汇总人：					汇总日期：						
工号	姓名	部门	职务	应出勤天数	实际出勤天数	公差	请假	迟到	旷工	未打卡	确认签名
001501	人事部	何智伟	经理								
001502	财务部	梁宣博	经理								
001503	销售部	赵哲	专员								
001504	销售部	梁鸿轩	经理								
001505	销售部	胡诗雅	专员								
001506	人事部	肖亮	专员								
001507	销售部	张芷昕	专员								
001508	财务部	张茵	会计								
001509	人事部	李月萱	专员								
001510	销售部	王浩宕	专员								
部门经理签字:					总经理签字:						
备注: 1. 如对上述数据有异议请及时联系人事部。 2. 此表审核后交由总经办备案。											

图 2-1-5　员工出勤汇总表

4. 制作物品领用登记表

结合所学的 WPS 表格基本操作知识，制作物品领用登记表，如图 2-1-6 所示。

物品领用登记表								
建表人：		建表部门：						
序号	物品名称及规格	数量	单位	领用部门	领用人	用途	领出日期	经办人
1								
2								
3								
4								
5								
6								
7								
8								
9								
10								
备注：每次物品出库，领用人、经办人需签名确认。								

图 2-1-6　物品领用登记表

七、巩固与练习

1. 判断题

（1）在 WPS 表格中，在单元格中录入文本后按组合键 Alt+Enter 可以换行。

（　　）

（2）WPS 工作表是由单元格组成的。 （ ）

（3）在 WPS 表格中，对工作表进行重命名时，名字不允许有“*”字符。（ ）

（4）在 WPS 表格中，允许一个工作簿中包含多个工作表。 （ ）

（5）在 WPS 表格中，两个相邻的单元格内容分别为 2 和 4，使用填充柄进行填充，则后续序列为 6，8，10…… （ ）

2. 单选题

（1）下列选项中，主要用于数据统计与分析的软件是（ ）。

A. WPS 文字　　B. WPS 表格

C. WPS 演示文稿　　D. 记事本

（2）在 WPS 表格中，“数据有效性”功能在（ ）选项卡中。

A. “开始”　　B. “插入”

C. “审阅”　　D. “数据”

（3）在 WPS 表格中，下列关于行和列的说法中正确的是（ ）。

A. 行和列都可以被隐藏　　B. 只能隐藏列，不能隐藏行

C. 行和列都不可以被隐藏　　D. 只能隐藏行，不能隐藏列

（4）在 WPS 表格中，不可以打开（ ）类型的文件。

A. *.et　　B. *.xls

C. *.xlsx　　D. *.jpg

（5）在 WPS 表格中，不能在工作簿中新建工作表的操作是（ ）。

A. 单击工作表标签栏右侧的“新建工作表”按钮

B. 按组合键 Shift+F11

C. 按组合键 Ctrl+N

D. 右击某一工作表标签后，在弹出的右键快捷菜单中，单击选择“插入工作表”命令

（6）在 WPS 表格中，E6 单元格表示在工作表中的（ ）。

A. 第 6 列第 5 行　　B. 第 5 列第 6 行

C. 第 6 列第 6 行　　D. 第 5 列第 5 行

（7）在 WPS 表格中，工作表保存时默认的文件扩展名是（ ）。

A. ET　　B. XLS

C. DOC　　D. GZB

（8）如果 WPS 表格工作表中某个单元格显示“########”，表示（　　）。

A. 公式错误　　B. 格式错误

C. 行高不够　　D. 列宽不够

（9）在 WPS 表格中，要清除单元格中的内容可以使用（　　）键来清除。

A. Delete　　B. Backspace

C. Ctrl　　D. Shift

（10）在 WPS 表格中，单元格区域 A1：B2 代表的单元格为（　　）。

A. A1，B2　　B. A1，A2，B1，B2

C. A1，B1，B2　　D. A1，A2，B2

实训项目二
制作竞赛成绩表——WPS 表格公式及函数运算

一、实训任务

学院电气系正在举办技能竞赛，各参赛选手初赛后的理论成绩、实操成绩和答辩成绩已录入表中，现在需要按竞赛规则计算各选手的总评成绩，排出名次，自动给出是否晋级复赛（成绩大于或等于 85 分）的判断，并统计各项平均分、最高分和最低分，竞赛成绩表如图 2-2-1 所示。

竞赛成绩表						
选手	理论成绩40%	实操成绩40%	答辩成绩20%	总评成绩	是否晋级	名次
S-001	89	92	85	89.40	是	4
S-002	85	88	86	86.40	是	6
S-003	90	89	88	89.20	是	5
S-004	78	85	80	81.20	否	9
S-005	82	83	87	83.40	否	7
S-006	78	82	81	80.20	否	10
S-007	94	92	92	92.80	是	2
S-008	92	91	90	91.20	是	3
S-009	96	92	92	93.60	是	1
S-010	80	84	86	82.80	否	8
各项平均分	86.4	87.8	86.7	87.02		
各项最高分	96	92	92	93.6		
各项最低分	78	82	80	80.2		

图 2-2-1　竞赛成绩表

二、实训分析

要完成本实训项目，应按照图 2-2-2 所示的思维导图复习教材中学到的知识点和技能点。

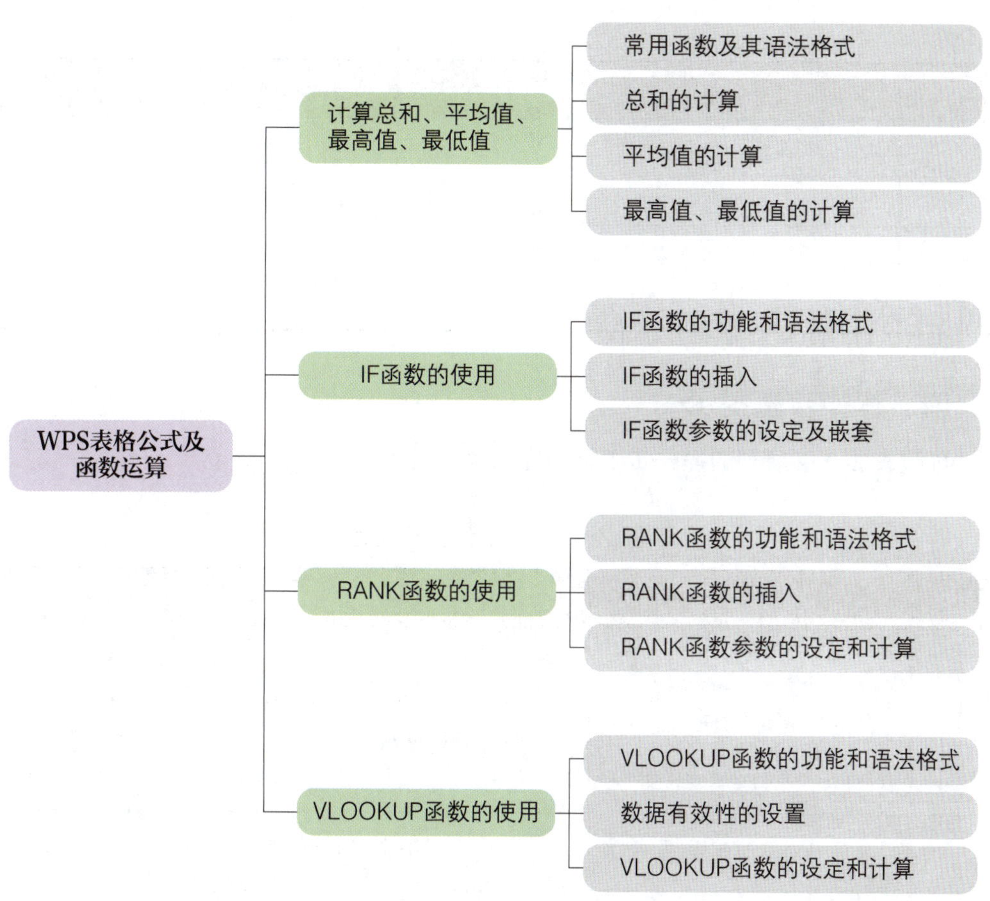

图 2-2-2　思维导图

本项目需要使用公式和函数计算竞赛成绩表。在完成项目的过程中，计算总评成绩需要使用公式，在使用公式时应在编辑栏处录入“=”后再录入公式。其余项目统计使用函数计算等，使用函数时应注意语法提示及填充柄、相对引用和绝对引用的使用技巧。

三、实训计划制订

根据任务分析，制订完成本项目的实训计划，填入表 2-2-1 中。

表 2-2-1　实训计划

序号	工作内容	所需时间
1		
2		

续表

序号	工作内容	所需时间
3		
4		

四、操作步骤提示

按照表 2–2–2 所列的操作步骤提示完成本项目。

表 2–2–2　操作步骤提示

序号	操作步骤	内容
1	应用公式计算总和	打开素材中的“竞赛成绩表.xlsx”，在 E3：E12 单元格区域中使用公式计算“总成绩”（总成绩 = 理论成绩 ×0.4+ 实操成绩 ×0.4+ 答辩成绩 ×0.2），结果保留 2 位小数
2	应用 AVERAGE 函数计算平均分	在 B13：E13 单元格区域中使用函数计算“各项平均分”，结果保留 2 位小数
3	应用 MAX 函数获取最高分	在 B14：E14 单元格区域中使用函数计算“各项最高分”
4	应用 MIN 函数获取最低分	在 B15：E15 单元格区域中使用函数计算“各项最低分”
5	应用 RANK 函数进行成绩排名	在 G3：G12 单元格区域中使用函数按总评成绩降序的方式计算出“名次”
6	IF 函数的应用	在 F3：F12 单元格区域中使用函数计算出“是否晋级”，总成绩大于或等于 85 分为“是”，否则为“否”
7	保存文档	按组合键 Ctrl+S 保存文档

将实训过程中遇到的疑点、难点及相应的解决方法和心得体会记录在表 2–2–3 中，并在组内进行讨论和分享。

表 2-2-3　经验和心得记录

序号	涉及的操作步骤	经验和心得

五、实训评价

实训项目完成后，以适当的形式在班级内展示学习成果，交流学习心得，并归纳、总结实训中的收获，纳入思维导图中。

采用学生自评、学生互评与教师评价相结合的多元评价方式，按照表 2-2-4 所列评价项目完成实训评价。

表 2-2-4　实训评价

序号	评价项目	评价要求	配分 / 分	学生自评（占比 30%）	学生互评（占比 30%）	教师评价（占比 40%）
1	自主复习	实训前能应用思维导图复习、总结学过的内容	5			
2	实训计划制订	对实训任务的分析准确、到位，有明确与可行的操作步骤	10			
3	项目实施及实训评价	操作熟练、得当，成果能满足任务要求，具体包括： 1. 能正确编写计算公式，复制公式操作无误（10 分） 2. 能合理选用函数，数据操作无误（AVERAGE、MAX、MIN、RANK、IF 函数，每正确使用 1 个函数得 10 分） 3. 能正确设置数据格式（5 分） 4. 能使用正确的名称、文件类型和存储路径保存文件（5 分）	70			

续表

序号	评价项目	评价要求	配分 / 分	学生自评（占比 30%）	学生互评（占比 30%）	教师评价（占比 40%）
4	成果展示及学习心得交流	成果展示与汇报时，能使用专业术语，口头表达准确，语言清晰流畅，发言声音洪亮，倾听汇报耐心，仪态大方	10			
5	自主总结	能对实训后的收获进行梳理、总结并纳入思维导图中	5			
6	6S 规范	每发现 1 次不符合规范的操作扣 2 分；若违反安全操作规范，实训成绩记 0 分	—			
综合得分			100			

六、实训拓展

1. 制作办公用品采购表

某公司需要采购一批办公用品，为方便财务核算，采购部门制作了采购物品清单。打开素材中的“办公用品采购表.xlsx”，分别计算出各物品的金额和采购这批办公用品的合计金额，如图 2-2-3 所示。

办公用品采购表				
品名	规格	数量	单价 / 元	金额 / 元
黑色签字笔	支	100	1.00	100
黑色签字笔笔芯	支	500	0.40	200
红色签字笔	支	100	1.00	100
红色签字笔笔芯	支	200	0.40	80
2B铅笔	支	100	0.60	60
卷笔刀	个	50	1.00	50
橡皮擦	个	50	1.00	50
记事本	本	100	2.50	250
燕尾夹（小号）	盒	30	9.80	294
燕尾夹（中号）	盒	30	11.30	339
燕尾夹（大号）	盒	30	16.80	504
A4打印纸（白）	包	50	25.40	1270
固体胶水	支	50	1.10	55
剪刀	把	50	3.60	180
			合计 / 元	3532

图 2-2-3　办公用品采购表

2. 制作竞选投票记录表

学校竞选校园之星，为了便于计算支持率，学生会制作了竞选投票记录表，对支持率进行计算。打开素材中的“竞选投票记录表.xlsx”，计算出本轮投票的总票数和各选手的支持率，如图 2-2-4 所示。

竞选投票记录表		
姓名	支持票数	支持率
梁铭宇	125	13.84%
黄智勇	89	9.86%
张丽影	154	17.05%
王菲菲	99	10.96%
张梦婷	75	8.31%
李钦	148	16.39%
范丽园	213	23.59%
总票数	903	

图 2-2-4　竞选投票记录表

3. 制作销售业绩表

某公司为了便于计算各业务员的销售业绩，制作了销售业绩表，便于计算各项数据。打开素材中的“销售业绩表.xlsx”，计算各员工本年度的累计销售额、超计划完成额、计划完成率和销售提成，如图 2-2-5 所示。销售提成的比例为：完成率大于或等于 100% 的提成为超计划完成额的 30%，完成率大于或等于 105% 的提成为超计划完成额的 50%，未完成计划的无提成。

销售业绩表											
片区	负责人	岗位	本年计划/万元	第一季度实际销售/万元	第二季度实际销售/万元	第三季度实际销售/万元	第四季度实际销售/万元	累计销售额/万元	超计划完成额/万元	计划完成率	销售提成/万元
山东	陈菲	组员	950.00	263.82	158.75	346.22	124.65	893.44	-56.56	94.05%	0.00
河南	吴满梅	组长	1200.00	330.53	428.85	216.60	285.13	1261.11	61.11	105.09%	30.56
四川	李毅光	组员	950.00	281.57	243.44	242.64	205.00	972.65	22.65	102.38%	6.79
新疆	高霖	组员	950.00	194.90	225.70	325.12	208.10	953.82	3.82	100.40%	1.15
广东	梁志挺	经理	1500.00	312.50	352.80	441.20	474.00	1580.50	80.50	105.37%	40.25
上海	王顺华	经理	1500.00	387.17	395.28	352.48	458.80	1593.73	93.73	106.25%	46.87
吉林	郑思翰	组员	950.00	352.00	258.00	206.23	166.64	982.87	32.87	103.46%	9.86
内蒙古	胡金瑜	组长	1200.00	386.16	348.04	244.00	268.87	1247.07	47.07	103.92%	14.12
湖南	唐溪捷	组员	950.00	213.77	165.30	295.00	259.10	933.17	-16.83	98.23%	0.00
重庆	唐文杰	组员	950.00	252.45	183.20	237.00	296.82	969.47	19.47	102.05%	5.84
陕西	袁佩珊	组长	1200.00	346.80	333.25	272.00	224.59	1176.64	-23.36	98.05%	0.00

图 2-2-5　销售业绩表

4. 制作员工工资表及工资条

某企业每月都需要制作员工工资表，制作完成后打印成工资条发放给每一位员工，此表由 6 部分组成，其中，工龄工资、绩效奖金、岗位津贴可根据员工自身情况浮动。员工工龄低于 5 年（不含 5 年），工龄工资为每年 50 元，其他人员为每年 100 元。员工绩效评分高于 80 分（含 80），绩效奖金为 1 000 元；绩效评分在 60 分（含 60）至 80 分（不含），绩效奖金为每分 10 元；低于 60 分则无绩效奖金。员工的岗位津贴根据员工职务而定。打开素材文件夹中的“员工工资表及工资条.xlsx”，按要求完成计算，如图 2-2-6 所示。

	A	B	C	D	E	F	G	H	I	J	K	L	M
1	工号	姓名	部门	职务	工龄	绩效评分	基本工资	工龄工资	绩效奖金	岗位津贴	代扣保险	其他扣款	实发工资
2	S-001	梁颖珊	人事部	经理	5	83	3500	500	1000	2500	-123	-452	6925
3	S-002	黄志勇	人事部	办事员	2	70	2000	100	700	1500	-123	-311	3866
4	S-003	张爱迪	人事部	办事员	3	63	2000	150	630	1500	-123	-121	4036
5	S-004	王菲菲	财务部	经理	7	94	3500	700	1000	2500	-123	-115	7462
6	S-005	张明亮	财务部	会计	4	66	3000	200	660	1500	-123	-277	4960
7	S-006	李晓露	财务部	出纳	7	75	2000	700	750	1200	-123	-147	4380
8	S-007	范小丽	销售部	经理	8	69	3000	800	690	2500	-123	-163	6704
9	S-008	黄蓉	销售部	业务员	6	91	1500	600	1000	1200	-123	-295	3882
10	S-009	肖萌萌	销售部	业务员	0	81	1500	0	1000	1200	-123	-218	3359
11	S-010	梁国栋	销售部	业务员	4	63	1500	200	630	1200	-123	-373	3034
12	S-011	刘媛	办公室	主任	6	77	3500	600	770	1800	-123	-347	6200
13	S-012	何春丽	办公室	干事	2	51	2000	100	0	1200	-123	-216	2961
14	S-013	肖帮华	运营部	部长	3	80	3000	150	1000	2500	-123	-324	6203
15	S-014	张树荣	运营部	组员	6	58	1500	600	0	1200	-123	-151	3026
16	S-015	马铭	运营部	组员	1	63	1500	50	630	1200	-123	-109	3148

员工工资表 岗位津贴标准 工资条 +

a）

	A	B	C	D	E	F	G	H	I	J	K	L	M
1							工资条						
2	工号	姓名	部门	职务	工龄	绩效评分	基本工资	工龄工资	绩效奖金	岗位津贴	代扣保险	其他扣款	实发工资
3	S-001	梁颖珊	人事部	经理	5	83	3500	500	1000	2500	-123	-452	6925
4													
5							工资条						
6	工号	姓名	部门	职务	工龄	绩效评分	基本工资	工龄工资	绩效奖金	岗位津贴	代扣保险	其他扣款	实发工资
7	S-002	黄志勇	人事部	办事员	2	70	2000	100	700	1500	-123	-311	3866
8													
9							工资条						
10	工号	姓名	部门	职务	工龄	绩效评分	基本工资	工龄工资	绩效奖金	岗位津贴	代扣保险	其他扣款	实发工资
11	S-003	张爱迪	人事部	办事员	3	63	2000	150	630	1500	-123	-121	4036
12													
13							工资条						
14	工号	姓名	部门	职务	工龄	绩效评分	基本工资	工龄工资	绩效奖金	岗位津贴	代扣保险	其他扣款	实发工资

员工工资表 岗位津贴标准 工资条 +

b）

图 2-2-6 员工工资表及工资条

a）员工工资表 b）员工工资条

5. 制作员工培训成绩表

结合所学公式和函数的相关知识，完成员工培训成绩表的制作，其中，总分高于360（含 360）分，奖励等级为一等，奖励金额为 1 000 元；总分在 330（含 330）分至360（不含 360）分，奖励等级为二等，奖励金额为 600 元；总分在 300（含 300）分至330（不含 330）分，奖励等级为三等，奖励金额为 200 元；其余无奖励，如图 2-2-7 所示。

	A	B	C	D	E	F	G	H	I	J	K
1	**员工培训成绩表**										
2	编号	姓名	企业制度	职业素养	办公软件	营销策略	总分	平均分	排名	奖励等级	奖励金额
3	C-001	贺云帆	65	84	89	76	314	78.5	9	三等	200
4	C-002	李梅	67	66	66	51	250	62.5	13	无	0
5	C-003	张海城	92	92	98	91	373	93.3	2	一等	1000
6	C-004	胡远达	65	55	55	60	235	58.8	16	无	0
7	C-005	梁京	92	92	90	94	368	92.0	3	一等	1000
8	C-006	李宏亮	83	86	87	88	344	86.0	6	二等	600
9	C-007	叶贵	85	87	84	76	332	83.0	7	二等	600
10	C-008	罗可可	69	75	61	78	283	70.8	12	无	0
11	C-009	刘畅华	72	86	88	82	328	82.0	8	三等	200
12	C-010	黄玫瑰	96	96	94	90	376	94.0	1	一等	1000
13	C-011	王思思	88	86	87	88	349	87.3	5	二等	600
14	C-012	唐佳梦	73	58	66	97	294	73.5	11	无	0
15	C-013	李莹	64	64	54	58	240	60.0	15	无	0
16	C-014	张丽英	90	87	87	87	351	87.8	4	二等	600
17	C-015	周玲玲	85	65	80	76	306	76.5	10	三等	200
18	C-016	王海宇	61	66	70	51	248	62.0	14	无	0

图 2-2-7　员工培训成绩表

七、巩固与练习

1. 判断题

（1）在 WPS 工作表的单元格中，当输入公式或函数时，必须先输入等号。（　　）

（2）Average（A1：B4）是指 A1 和 B4 单元格的平均值。（　　）

（3）在 WPS 工作表的相应单元格中输入计算公式后，可用填充柄完成其他数据的自动计算。（　　）

（4）在 WPS 表格中，使用函数对一组或多组数据进行求最大值时使用的是 MIN 函数。（　　）

（5）第一次保存 WPS 表格文件时，会出现“另存为”对话框。（　　）

2. 单选题

（1）在 WPS 表格中有两种类型的地址，如 B2 和 B2，（　　）。

A. 前者是绝对地址，后者是相对地址

B. 前者是相对地址，后者是绝对地址

C. 两者都是相对地址

D. 两者都是绝对地址

（2）在 WPS 表格中，如果单元格中出现“#DIV/0”，这表示（　　）。

A. 没有可用的数值　　B. 结果太长，单元格容纳不下

C. 公式中出现除零错误　　D. 单元格的引用无效

（3）在 WPS 表格中，使用公式“=（$A1+20）*2”，说明单元格的引用方式为（　　）引用。

A. 间接　　B. 混合　　C. 绝对　　D. 相对

（4）在 WPS 表格中，对单元格的绝对引用可以使用的功能键是（　　）。

A. F1　　B. F4　　C. F5　　D. F6

（5）在 WPS 表格的 A2 单元格中输入数值 10，B2 单元格中输入公式“=IF（A2>20，“一级”，IF（A2>8，“二级”，“三级”））”，则结果为（　　）。

A. 10　　B. 一级　　C. 二级　　D. 三级

（6）在 WPS 表格中复制公式时，为了（　　），必须使用绝对引用。

A. 公式随着引用单元格的位置变化而变化

B. 保存公式引用单元格绝对位置不变

C. 公式随着引用单元格的位置列变行不变

D. 公式随着引用单元格的位置行变列不变

（7）在 WPS 表格中，跨表间的单元格引用，工作表名称与数据区域之间用（　　）符号隔开。

A. ：　　B. ！　　C. ；　　D. ，

（8）复制公式“=A1+B1+C1+D1”时，需要每次都引用 D1 单元格的数值，应将该公式修改为（　　）。

A. =A1+B1+C1+￥D￥1　　B. =A1+B1+C1+D1

C. =A1+B1+C1+$D1　　D. =A1+B1+C1+$D$1

（9）在 WPS 表格中，如果要在 G2 单元格得到 B2 到 F2 所有单元格数值的最大值，应在 G2 单元格中输入（　　）。

A. =MIN（B2：F2）　　B. =MAX（B2：F2）

C. =COUNT（B2：F2）　　D. SUM（B2：F2）

（10）现在对选拔某班学生身高在 150（含）到 160（含）的学生进行训练，下列筛选条件中正确的是（　　）。

A.“小于 160”或“大于 150”

B.“小于 160”与“大于 150”

C.“小于或等于 160”与“大于或等于 150”

D.“小于或等于 160”或“大于或等于 150”

实训项目三
分析统计劳保用品进销存表——WPS 表格数据的分析

一、实训任务

某店以销售劳保用品为主，店主李老板现要对 3 月和 4 月的物品进销存数据进行统计分析，包括以降序方式查看物品 4 月末结存量，汇总统计各类物品 4 月的销售总量等，使用条件格式、排序、自动筛选、高级筛选、分类汇总等多种方式进行分析。劳保用品进销存表如图 2–3–1 所示。

	A	B	C	D	E	F	G
1	劳保用品进销存表						
2	物品名称	规格型号	单位	3月末结存量	4月进货量	4月销售量	4月末结存量
3	工作服	S-M号	套	10	50	45	15
4	防滑雨鞋	37-38码	双	12	20	14	18
5	手套	加厚棉线	双	38	80	108	10
6	安全帽	国标ABS	个	11	50	45	16
7	防滑雨鞋	39-40码	双	16	40	32	24
8	防滑雨鞋	41-42码	双	11	30	38	3
9	雨衣	一次性	件	23	50	48	25
10	防滑雨鞋	43-44码	双	10	15	18	7
11	防滑雨鞋	45-46码	双	8	10	16	2
12	工作服	L-XL号	套	8	50	38	20
13	雨衣	牛津布	件	16	50	52	14
14	工作服	XXL号	套	12	40	32	20
15	手套	橡胶防滑	双	25	60	76	9
16	手套	一次性	双	35	180	205	10
17	口罩	KN95呼吸阀	个	62	100	124	38
18	手套	尼龙防静电	双	18	80	85	13
19	口罩	KN95无阀	个	57	200	236	21
20	手套	电焊	双	27	50	68	9

a）

	A	B	C	D	E	F	G
1	劳保用品进销存表						
2	物品名称	规格型号	单位	3月末结存量	4月进货量	4月销售量	4月末结存量
3	口罩	KN95呼吸阀	个	62	100	124	38
4	雨衣	一次性	件	23	50	48	25
5	防滑雨鞋	39-40码	双	16	40	32	24
6	口罩	KN95无阀	个	57	200	236	21
7	工作服	L-XL号	套	8	50	38	20
8	工作服	XXL号	套	12	40	32	20
9	防滑雨鞋	37-38码	双	12	20	14	18
10	安全帽	国标ABS	个	11	50	45	16
11	工作服	S-M号	套	10	50	45	15
12	雨衣	牛津布	件	16	50	52	14
13	手套	尼龙防静电	双	18	80	85	13
14	手套	加厚棉线	双	38	80	108	10
15	手套	一次性	双	35	180	205	10
16	手套	橡胶防滑	双	25	60	76	9
17	手套	电焊	双	27	50	68	9
18	防滑雨鞋	43-44码	双	10	15	18	7
19	防滑雨鞋	41-42码	双	11	30	38	3
20	防滑雨鞋	45-46码	双	8	10	16	2

b）

	A	B	C	D	E	F	G
1	劳保用品进销存表						
2	物品名称	规格型号	单亻	3月末结存	4月进货	4月销售	4月末结存
4	雨衣	一次性	件	23	50	48	25
5	防滑雨鞋	39-40码	双	16	40	32	24
9	防滑雨鞋	37-38码	双	12	20	14	18
12	雨衣	牛津布	件	16	50	52	14
18	防滑雨鞋	43-44码	双	10	15	18	7
19	防滑雨鞋	41-42码	双	11	30	38	3
20	防滑雨鞋	45-46码	双	8	10	16	2

c）

物品名称	规格型号	单位	3月末结存量	4月进货量	4月销售量	4月末结存量
口罩	KN95呼吸阀	个	62	100	124	38
口罩	KN95无阀	个	57	200	236	21
手套	尼龙防静电	双	18	80	85	13
手套	加厚棉线	双	38	80	108	10
手套	一次性	双	35	180	205	10

d）

	A	B	C	D	E	F	G
1	劳保用品进销存表						
2	物品名称	规格型号	单位	3月末结存量	4月进货量	4月销售量	4月末结存量
4	安全帽 汇总					45	
10	防滑雨鞋 汇总					118	
14	工作服 汇总					115	
17	口罩 汇总					360	
23	手套 汇总					542	
26	雨衣 汇总					100	
27	总计					1280	

e）

图 2-3-1　劳保用品进销存表

a）突出显示单元格数据　b）排序查看 4 月末结存量　c）自动筛选雨衣和防滑雨鞋数据
d）高级筛选口罩和手套数据　e）分类汇总各物品 4 月销售总量

二、实训分析

要完成本实训项目，应按照图 2-3-2 所示的思维导图复习教材中学到的知识点和技能点。

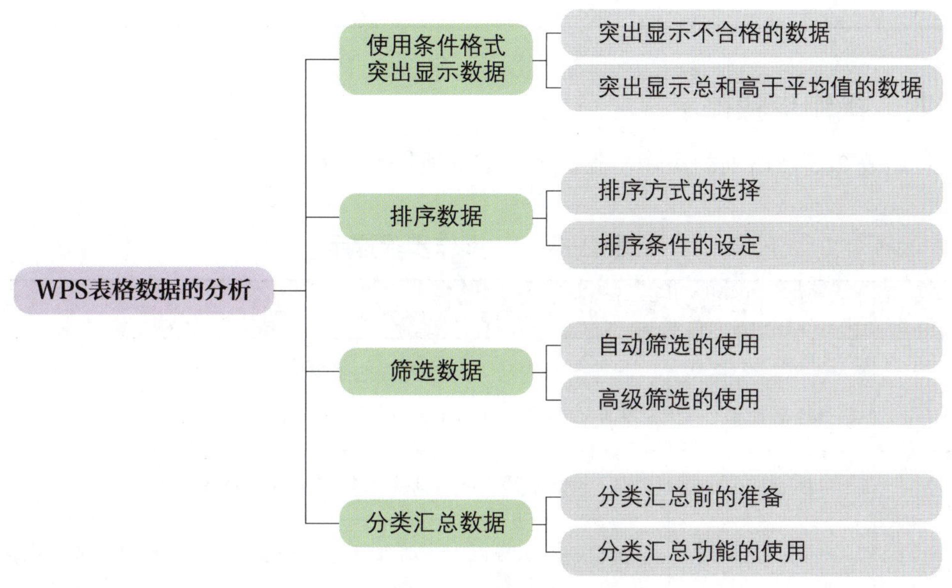

图 2-3-2 思维导图

本项目是使用条件格式、排序、筛选和分类汇总等功能对物品进销存数据进行分析。分析时应注意：使用条件格式时，如对设立的条件规则不满意，可先清除规则再添加新的条件；使用排序工具时，要全选数据后再进行排序；自动筛选只能做条件并列的筛选，如筛选条件复杂可选用高级筛选功能；使用分类汇总统计数据前要先对分类字段进行排序，再进行分类汇总操作。

三、实训计划制订

根据任务分析，制订完成本项目的实训计划，填入表 2-3-1 中。

表 2-3-1 实训计划

序号	工作内容	所需时间
1		
2		
3		

续表

序号	工作内容	所需时间
4		

四、操作步骤提示

按照表2-3-2所列的操作步骤提示完成本项目。

表2-3-2 操作步骤提示

序号	操作步骤	内容
1	使用条件格式突出显示数据	打开素材中的“劳保用品进销存表.xlsx”，将3月末结存量最少的5项单元格用“浅红填充色”突出显示出来
2	排序数据	以“4月末结存量”为主关键字进行降序方式排序
3	筛选数据	在Sheet1工作表中，筛选出防滑雨鞋和雨衣的数据，并将筛选后的数据（含字段名）复制到Sheet2工作表中从A1单元格为开始的区域
4	高级筛选	在Sheet1工作表中，先取消自动筛选操作，使用高级筛选功能，筛选出“4月销售量大于或等于80的手套和4月销售量大于或等于20的口罩”，以I2单元格开始为条件区域，以A22单元格为结果输出区域
5	分类汇总	以“物品名称”为分类汇总字段，以“4月销售量”为汇总项，进行求和的分类汇总，只显示汇总项，隐藏原始数据
6	保存文档	按组合键Ctrl+S保存文档

将实训过程中遇到的疑点、难点及相应的解决方法和心得体会记录在表2-3-3中，并在组内进行讨论和分享。

表 2-3-3　经验和心得记录

序号	涉及的操作步骤	经验和心得

五、实训评价

实训项目完成后，以适当的形式在班级内展示学习成果，交流学习心得，并归纳、总结实训中的收获，纳入思维导图中。

采用学生自评、学生互评与教师评价相结合的多元评价方式，按照表 2-3-4 所列评价项目完成实训评价。

表 2-3-4　实训评价

序号	评价项目	评价要求	配分 / 分	学生自评（占比 30%）	学生互评（占比 30%）	教师评价（占比 40%）
1	自主复习	实训前能应用思维导图复习、总结学过的内容	5			
2	实训计划制订	对实训任务的分析准确、到位，有明确与可行的操作步骤	10			
3	项目实施及实训评价	操作熟练、得当，成果能满足任务要求，具体包括： 1. 能正确设立条件格式规则，结果准确（10 分） 2. 能正确使用排序工具对数据进行排序（10 分） 3. 能正确使用筛选工具对数据进行筛选（20 分）	70			

续表

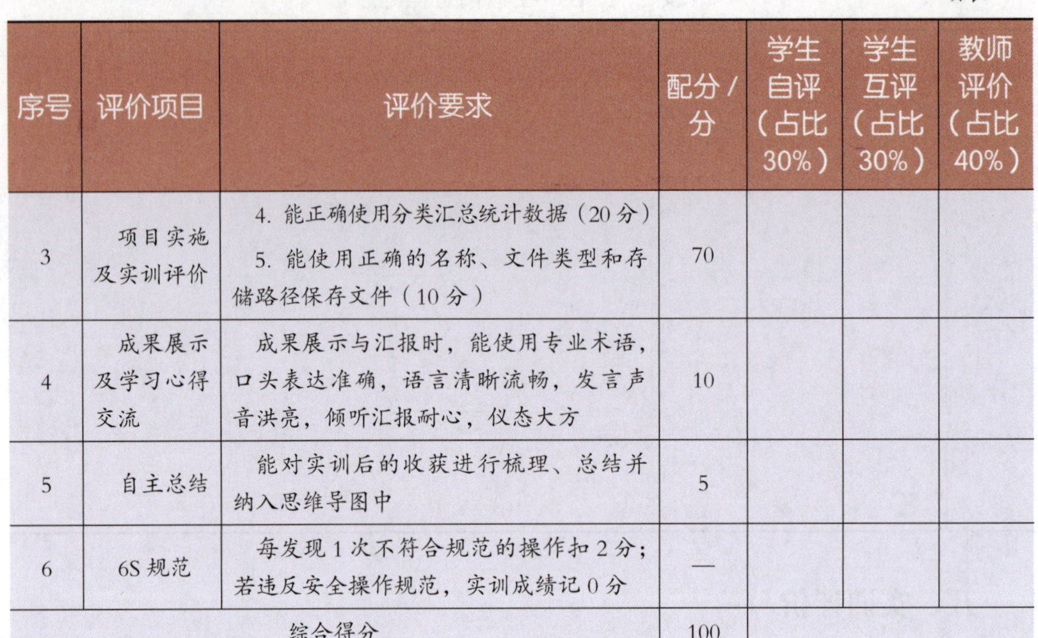

序号	评价项目	评价要求	配分/分	学生自评（占比30%）	学生互评（占比30%）	教师评价（占比40%）
3	项目实施及实训评价	4. 能正确使用分类汇总统计数据（20 分） 5. 能使用正确的名称、文件类型和存储路径保存文件（10 分）	70			
4	成果展示及学习心得交流	成果展示与汇报时，能使用专业术语，口头表达准确，语言清晰流畅，发言声音洪亮，倾听汇报耐心，仪态大方	10			
5	自主总结	能对实训后的收获进行梳理、总结并纳入思维导图中	5			
6	6S 规范	每发现 1 次不符合规范的操作扣 2 分；若违反安全操作规范，实训成绩记 0 分	—			
综合得分			100			

六、实训拓展

1. 使用条件格式突出显示竞赛成绩

学院信息技术系举办技能竞赛，请你协助该系完成竞赛成绩表的统计分析。打开素材中的“竞赛成绩表.xlsx”，参考图 2–3–3 所示的效果设计分析项目，对工作表中的数据进行分析。

竞赛成绩表				
选手	理论成绩40%	实操成绩40%	答辩成绩20%	总成绩
S-001	89	92	85	89.4
S-002	85	88	86	86.4
S-003	90	89	88	89.2
S-004	78	85	80	81.2
S-005	82	83	87	83.4
S-006	78	82	81	80.2
S-007	94	92	92	92.8
S-008	92	91	90	91.2
S-009	96	92	92	93.6
S-010	80	84	86	82.8

图 2–3–3　竞赛成绩表

2. 使用排序分析产品销售情况

某公司旗下有三家分店，公司总部要统计分析三家分店本年度电子产品的销售情况。打开素材中的“产品销售情况统计表.xlsx”，参考图 2–3–4 所示的效果设计分析项目，对工作表中的数据进行分析。

产品销售情况统计表					
店铺	品名	季度	单价/元	销售数量	销售金额/元
北斗数码	主板套装B	第四季度	1338.00	28	37464
宏创数码	主板套装A	第二季度	988.00	37	36556
北斗数码	主板套装B	第三季度	1338.00	18	24084
宏创数码	主板套装A	第一季度	988.00	23	22724
北斗数码	显示器27寸	第四季度	979.00	23	22517
宏创数码	显示器27寸	第二季度	979.00	18	17622
北斗数码	固态硬盘480GB	第三季度	345.00	39	13455
博洋数码	机械键盘鼠标套装	第四季度	529.00	23	12167
博洋数码	机械键盘鼠标套装	第二季度	529.00	19	10051
宏创数码	移动硬盘2TB	第一季度	218.00	42	9156
博洋数码	移动硬盘2TB	第四季度	218.00	39	8502
北斗数码	显示器24寸	第三季度	829.00	10	8290
宏创数码	固态硬盘240GB	第二季度	215.00	35	7525
北斗数码	固态硬盘240GB	第三季度	215.00	23	4945
博洋数码	显示器24寸	第四季度	829.00	5	4145

a）

产品销售情况统计表					
店铺	品名	季度	单价/元	销售数量	销售金额/元
北斗数码	主板套装B	第三季度	1338.00	18	24084
北斗数码	主板套装B	第四季度	1338.00	28	37464
北斗数码	固态硬盘480GB	第三季度	345.00	39	13455
北斗数码	固态硬盘240GB	第三季度	215.00	23	4945
北斗数码	显示器27寸	第四季度	979.00	23	22517
北斗数码	显示器24寸	第三季度	829.00	10	8290
博洋数码	移动硬盘2TB	第四季度	218.00	39	8502
博洋数码	显示器24寸	第四季度	829.00	5	4145
博洋数码	机械键盘鼠标套装	第二季度	529.00	19	10051
博洋数码	机械键盘鼠标套装	第四季度	529.00	23	12167
宏创数码	主板套装A	第一季度	988.00	23	22724
宏创数码	主板套装A	第二季度	988.00	37	36556
宏创数码	固态硬盘240GB	第二季度	215.00	35	7525
宏创数码	移动硬盘2TB	第一季度	218.00	42	9156
宏创数码	显示器27寸	第二季度	979.00	18	17622

b）

产品销售情况统计表					
店铺	品名	季度	单价/元	销售数量	销售金额/元
宏创数码	固态硬盘240GB	第二季度	215.00	35	7525
北斗数码	固态硬盘240GB	第三季度	215.00	23	4945
北斗数码	固态硬盘480GB	第三季度	345.00	39	13455
博洋数码	机械键盘鼠标套装	第四季度	529.00	23	12167
博洋数码	机械键盘鼠标套装	第二季度	529.00	19	10051
北斗数码	显示器24寸	第三季度	829.00	10	8290
博洋数码	显示器24寸	第四季度	829.00	5	4145
北斗数码	显示器27寸	第四季度	979.00	23	22517
宏创数码	显示器27寸	第二季度	979.00	18	17622
宏创数码	移动硬盘2TB	第一季度	218.00	42	9156
博洋数码	移动硬盘2TB	第四季度	218.00	39	8502
宏创数码	主板套装A	第二季度	988.00	37	36556
宏创数码	主板套装A	第一季度	988.00	23	22724
北斗数码	主板套装B	第四季度	1338.00	28	37464
北斗数码	主板套装B	第三季度	1338.00	18	24084

c）

产品销售情况统计表					
店铺	品名	季度	单价/元	销售数量	销售金额/元
宏创数码	主板套装A	第一季度	988.00	23	22724
宏创数码	移动硬盘2TB	第一季度	218.00	42	9156
宏创数码	主板套装A	第二季度	988.00	37	36556
宏创数码	固态硬盘240GB	第二季度	215.00	35	7525
宏创数码	显示器27寸	第二季度	979.00	18	17622
博洋数码	机械键盘鼠标套装	第二季度	529.00	19	10051
北斗数码	主板套装B	第三季度	1338.00	18	24084
北斗数码	固态硬盘480GB	第三季度	345.00	39	13455
北斗数码	固态硬盘240GB	第三季度	215.00	23	4945
北斗数码	显示器24寸	第三季度	829.00	10	8290
北斗数码	主板套装B	第四季度	1338.00	28	37464
博洋数码	移动硬盘2TB	第四季度	218.00	39	8502
北斗数码	显示器27寸	第四季度	979.00	23	22517
博洋数码	显示器24寸	第四季度	829.00	5	4145
博洋数码	机械键盘鼠标套装	第四季度	529.00	23	12167

d）

图 2-3-4　产品销售情况统计表

a）按销售金额降序排序　b）按店铺排序　c）按品名排序　d）按季度排序

3. 使用筛选分析新能源汽车销售情况

某公司营销部要从季度、片区、车型等类目统计分析本年度新能源汽车的销售情况。打开素材中的“新能源汽车销售情况表.xlsx”，参考图 2-3-5 所示的效果设计分析项目，对工作表中的数据进行分析。

新能源汽车销售情况表			
季度	片区	车型	销量/台
3	北区	SUV	86
1	东区	SUV	58
4	西区	SUV	43
2	东区	SUV	48
4	南区	SUV	45
3	北区	SUV	65
2	北区	SUV	69
1	南区	SUV	89

a）

新能源汽车销售情况表			
季度	片区	车型	销量/台
3	北区	SUV	86
3	北区	SUV	65
2	北区	SUV	69
1	南区	SUV	89

b）

季度	片区	车型	销量/台
1	东区	SUV	58
1	东区	紧凑型	64
2	南区	豪华型	79

c）

图 2-3-5　新能源汽车销售情况表

a）筛选 SUV 车型数据　b）筛选销量高于 60 台的 SUV 车型数据

c）筛选第一季度东区销量高于 50 台和第二季度南区销量高于 50 台的数据

4. 使用分类汇总统计分析产品出库情况

某店铺后勤部员工小吴要汇总分析 8 月产品出库情况。打开素材中的“产品出库情况记录表.xlsx”，参考图 2-3-6 所示的效果设计分析项目，对工作表中的数据进行分析。

	A	B	C	D	E	F	G
1	产品出库情况记录表						
2	出库日期	采购客户	产品名称	单位	出库数量	单价/元	合计金额/元
3	8月15日	永利机械	产品H-010	个	80	98	7840
4	8月15日	弘盛机械	产品H-010	个	25	98	2450
5	8月10日	弘盛机械	产品H-010	个	25	98	2450
6	8月10日	永利机械	产品H-010	个	50	98	4900
7	8月1日	永利机械	产品H-010	个	56	98	5488
8			产品H-010 汇总		236		23128
9	8月10日	弘盛机械	产品S-008	盒	86	45	3870
10	8月15日	弘盛机械	产品S-008	盒	100	45	4500
11	8月10日	彩铭机械	产品S-008	盒	52	45	2340
12	8月10日	永利机械	产品S-008	盒	150	45	6750
13			产品S-008 汇总		388		17460
14	8月10日	彩铭机械	产品W-001	支	75	12	900
15	8月1日	弘盛机械	产品W-001	支	86	12	1032
16	8月1日	永利机械	产品W-001	支	123	12	1476
17			产品W-001 汇总		284		3408
18	8月15日	永利机械	产品W-002	支	125	16	2000
19	8月10日	彩铭机械	产品W-002	支	125	16	2000
20	8月1日	弘盛机械	产品W-002	支	75	16	1200
21	8月15日	弘盛机械	产品W-002	支	100	16	1600
22			产品W-002 汇总		425		6800
23			总计		1333		50796

a）

	A	B	C	D	E	F	G
1	产品出库情况记录表						
2	出库日期	采购客户	产品名称	单位	出库数量	单价/元	合计金额/元
3	8月10日	彩铭机械	产品W-001	支	75	12	900
4	8月10日	彩铭机械	产品W-002	支	125	16	2000
5	8月10日	彩铭机械	产品S-008	盒	52	45	2340
6		彩铭机械 汇总			252		5240
7	8月10日	弘盛机械	产品S-008	盒	86	45	3870
8	8月15日	弘盛机械	产品H-010	个	25	98	2450
9	8月10日	弘盛机械	产品H-010	个	25	98	2450
10	8月1日	弘盛机械	产品W-001	支	86	12	1032
11	8月15日	弘盛机械	产品S-008	盒	100	45	4500
12	8月1日	弘盛机械	产品W-002	支	75	16	1200
13	8月15日	弘盛机械	产品W-002	支	100	16	1600
14		弘盛机械 汇总			497		17102
15	8月15日	永利机械	产品W-002	支	125	16	2000
16	8月15日	永利机械	产品H-010	个	80	98	7840
17	8月1日	永利机械	产品W-001	支	123	12	1476
18	8月10日	永利机械	产品H-010	个	50	98	4900
19	8月1日	永利机械	产品H-010	个	56	98	5488
20	8月10日	永利机械	产品S-008	盒	150	45	6750
21		永利机械 汇总			584		28454
22		总计			1333		50796

b）

	A	B	C	D	E	F	G
1	产品出库情况记录表						
2	出库日期	采购客户	产品名称	单位	出库数量	单价/元	合计金额/元
3	8月1日	弘盛机械	产品W-001	支	86	12	1032
4	8月1日	弘盛机械	产品W-002	支	75	16	1200
5		弘盛机械 汇总			161		2232
6	8月1日	永利机械	产品W-001	支	123	12	1476
7	8月1日	永利机械	产品H-010	个	56	98	5488
8		永利机械 汇总			179		6964
9	8月1日 汇总				340		9196
10	8月10日	彩铭机械	产品W-001	支	75	12	900
11	8月10日	彩铭机械	产品W-002	支	125	16	2000
12	8月10日	彩铭机械	产品S-008	盒	52	45	2340
13		彩铭机械 汇总			252		5240
14	8月10日	弘盛机械	产品S-008	盒	86	45	3870
15	8月10日	弘盛机械	产品H-010	个	25	98	2450
16		弘盛机械 汇总			111		6320
17	8月10日	永利机械	产品H-010	个	50	98	4900
18	8月10日	永利机械	产品S-008	盒	150	45	6750
19		永利机械 汇总			200		11650
20	8月10日 汇总				563		23210
21	8月15日	弘盛机械	产品H-010	个	25	98	2450
22	8月15日	弘盛机械	产品S-008	盒	100	45	4500
23	8月15日	弘盛机械	产品W-002	支	100	16	1600
24		弘盛机械 汇总			225		8550
25	8月15日	永利机械	产品W-002	支	125	16	2000
26	8月15日	永利机械	产品H-010	个	80	98	7840
27		永利机械 汇总			205		9840
28	8月15日 汇总				430		18390
29	总计				1333		50796

c）

图 2-3-6 产品出库情况记录表

a）按“产品名称”分类汇总 b）按“采购客户”分类汇总 c）按“采购客户”和“出库日期”分类汇总

5. 分析产品销售情况

某企业为了统计销售人员在不同时期的销售业绩，需要在素材文件夹中的“产品销售统计表.xlsx”文件基础上，使用高级筛选功能查看营销 1 组 1 月和 2 月的销售数据，使用分类汇总统计每月各类产品的销售数量，如图 2-3-7 所示。

6. 分析产品生产成本

结合所学的条件格式、排序、筛选、分类汇总等知识，分析素材文件夹中的“产品生产成本统计表.xlsx”文件，使用条件格式突出显示平均成本低于 100（不含 100）元的数据，筛选查看 2 车间中产品 C 的数据，并将数据复制到以 A20 单元格开始的单元格区域，分类汇总查看各产品的平均成本，如图 2-3-8 所示。

七、巩固与练习

1. 判断题

（1）在 WPS 表格中，对某个数据进行分类汇总前，必须先对分类字段的数据进行排序。（ ）

（2）在 WPS 表格中排序时，只能按照一个关键字进行排序。（ ）

	A	B	C	D	E	F	G	H	I
1				产品销售统计表					
2	工号	姓名	营销组	月份	产品名称	产品销量		营销组	月份
3	001503	赵哲	营销2组	1	产品A	125		营销1组	1
4	001507	张芷昕	营销3组	1	产品A	119		营销1组	2
5					产品A 汇总	244			
6	001505	胡诗雅	营销2组	1	产品B	219			
7	001503	赵哲	营销2组	1	产品B	221			
8					产品B 汇总	440			
9	001507	张芷昕	营销3组	1	产品C	167			
10	001504	梁鸿轩	营销1组	1	产品C	157			
11					产品C 汇总	324			
12				1 汇总		1008			
13	001510	王浩宕	营销3组	2	产品A	109			
14					产品A 汇总	109			
15	001504	梁鸿轩	营销1组	2	产品B	235			
16	001505	胡诗雅	营销2组	2	产品B	205			
17					产品B 汇总	440			
18	001510	王浩宕	营销3组	2	产品C	104			
19					产品C 汇总	104			
20				2 汇总		653			
21	001503	赵哲	营销2组	3	产品A	134			
22	001504	梁鸿轩	营销1组	3	产品A	168			
23	001504	梁鸿轩	营销1组	3	产品A	150			
24	001505	胡诗雅	营销2组	3	产品A	128			
25	001504	梁鸿轩	营销1组	3	产品A	147			
26					产品A 汇总	727			
27	001503	赵哲	营销2组	3	产品B	198			
28	001510	王浩宕	营销3组	3	产品B	231			
29					产品B 汇总	429			
30	001510	王浩宕	营销3组	3	产品C	198			
31	001507	张芷昕	营销3组	3	产品C	132			
32					产品C 汇总	330			
33				3 汇总		1486			
34				总计		3147			
35									
36									
37	工号	姓名	营销组	月份	产品名称	产品销量			
38	001504	梁鸿轩	营销1组	2	产品B	235			
39	001504	梁鸿轩	营销1组	1	产品C	157			

图 2-3-7　产品销售统计表

	A	B	C	D	E	F
1	月份	产品名称	车间	产量（件）	总成本（元）	平均成本（元/件）
2	1	产品A	1车间	151	14843.3	98.30
3	1	产品A	2车间	131	12942.8	98.80
4	3	产品A	1车间	405	41026.5	101.30
5	3	产品A	2车间	356	36525.6	102.60
6	2	产品A	1车间	104	10722.4	103.10
7		产品A 平均值				100.82
8	1	产品B	2车间	206	72388.4	351.40
9	3	产品B	1车间	247	87265.1	353.30
10	1	产品B	1车间	252	88905.6	352.80
11	2	产品B	2车间	207	73609.2	355.60
12	3	产品B	2车间	207	72346.5	349.50
13	2	产品B	1车间	251	87900.2	350.20
14		产品B 平均值				352.13
15	2	产品C	1车间	103	24174.1	234.70
16	3	产品C	1车间	205	47908.5	233.70
17	1	产品C	1车间	198	47203.2	238.40
18	1	产品C	2车间	158	37967.4	240.30
19	3	产品C	2车间	148	35919.6	242.70
20		产品C 平均值				237.96
21		总平均值				237.92
22						
23						
24	月份	产品名称	车间	产量（件）	总成本（元）	平均成本（元/件）
25	1	产品C	2车间	158	37967.4	240.3
26	3	产品C	2车间	148	35919.6	242.7

图 2-3-8　产品生产成本统计表

（3）在 WPS 表格中，根据期中考试成绩，按“总分”字段降序排序，这里的降序是指从大到小排序。（　　）

（4）在 WPS 表格中，使用条件格式改变了单元格的外观后，可以通过单元格格式设置进行还原。（　　）

（5）在 WPS 表格中，要对某企业每个季度的产品销售量进行分类汇总时，要先对产品名称进行排序。 （　　）

2. 单选题

（1）在 WPS 表格中，要使某单元格内输入的数据大小介于 18～60，而一旦超出范围就弹出错误提示，可使用（　　）命令。

A. “数据”选项卡中的“有效性”

B. “数据”选项卡中的“筛选”

C. “开始”选项卡中的“条件格式”

D. “开始”选项卡中的“样式”

（2）在 WPS 表格中，对单元格数据执行多次条件格式功能后，单元格外观格式被改变，如想恢复单元格的格式外观可以通过（　　）操作。

A. 设置单元格字体颜色　　B. 设置单元格底纹

C. 设置单元格边框　　D. 清除规则

（3）在 WPS 表格中，工作表中有多列数据，但只选定某一个列数据后执行“升序”命令时，会（　　）。

A. 直接对选定列数据进行升序排序，其余列数据不参与排序

B. 直接对选定列数据进行升序排序，其余列数据同时进行升序排序

C. 弹出“排序警告”提示信息

D. 同时选定所有数据，对选定列数据进行升序排序

（4）在 WPS 表格中，对数据清单进行多重排序，主要关键字和次要关键字（　　）。

A. 都必须升序

B. 都必须降序

C. 都必须同为升序或降序

D. 可以独立选定升序或降序

（5）在 WPS 表格中，数据筛选是从数据清单中选取满足条件的数据，不满足条件的数据将被（　　）。

A. 排在后面　　B. 更换文本颜色　　C. 删除　　D. 自动隐藏

（6）在 WPS 表格中，“数据透视表”是在“（　　）”选项卡下。

A. 开始　　B. 插入

C. 审阅　　D. 数据

（7）在 WPS 表格中，使用高级筛选命令前，须建立条件区域；如果条件与条件之间是与关系时，所有条件应在条件区域的（　　）输入。

A. 同一行　　B. 不同行中　　C. 同一列中　　D. 不同列中

（8）在 WPS 表格中，使用高级筛选功能筛选出“智能手表和智能手环销售量高于250（含）”的数据，以下条件区表达正确的是（　　）。

A.

产品名称	销售量
智能手表	>=250
智能手环	

B.

产品名称	销售量
智能手表	>=250
智能手环	>=250

C.

产品名称	产品名称	销售量
智能手表	智能手环	>=250

D.

产品名称	产品名称	销售量
智能手表	智能手环	
		>=250

（9）在 WPS 表格中，如果要统计在职与离职员工的人数，下列选项中（　　）不能实现该功能。

性别	在职状态
女	在职
男	在职
男	在职
女	离职
女	在职
男	离职
女	离职
男	在职
男	在职

A. 数据透视表　　B. 分类汇总分析

C. COUNTIF 函数　　D. 条件格式分析

（10）在 WPS 表格中，进行分类汇总操作时首先应按照要分类的关键字段进行（　　）。

A. 筛选　　B. 查找　　C. 排序　　D. 计算

实训项目四

制作产品销售统计图——WPS 表格图表的应用

一、实训任务

某企业销售部梁经理手上有一份企业去年电子产品的销售情况数据表，现在需要根据销售情况数据表分析制作各季度产品销售金额和统计图，以及各类电子产品的销售金额及统计图，如图 2-4-1 所示。

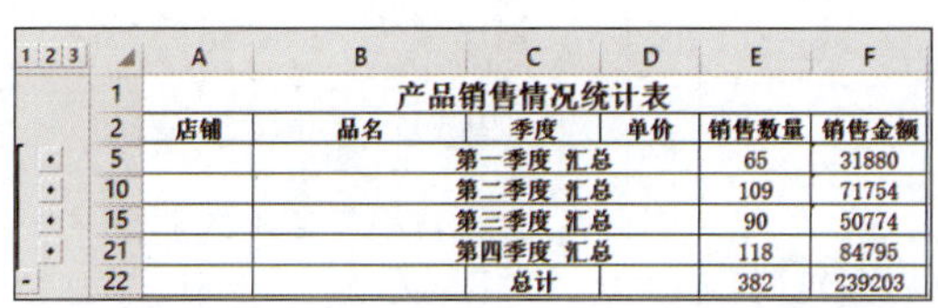

	A	B	C	D	E	F
1	产品销售情况统计表					
2	店铺	品名	季度	单价	销售数量	销售金额
5			第一季度 汇总		65	31880
10			第二季度 汇总		109	71754
15			第三季度 汇总		90	50774
21			第四季度 汇总		118	84795
22			总计		382	239203

a）

b）

店铺	北斗数码		
求和项:销售金额	季度		
品名	第三季度	第四季度	总计
固态硬盘240GB	4945		4945
固态硬盘480GB	13455		13455
显示器24寸	8290		8290
显示器27寸		22517	22517
主板套装B	24084	37464	61548
总计	50774	59981	110755

c）

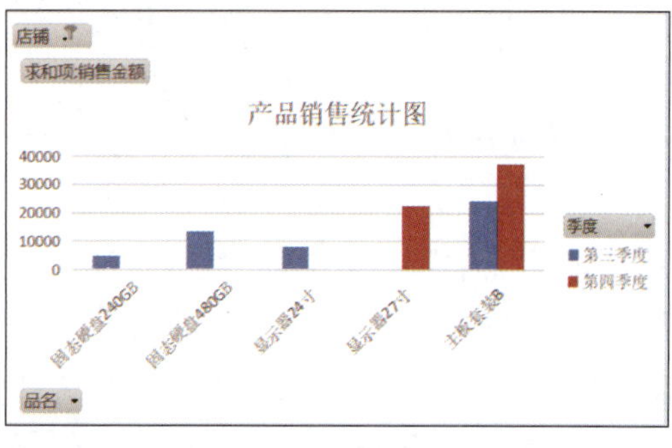

d）

图 2-4-1　产品销售情况统计

a）对季度销售金额进行统计　b）制作各季度产品销售统计图　c）使用数据透视表查看各类产品销售金额　d）使用数据透视图查看各类产品销售金额

二、实训分析

要完成本实训项目，应按照图 2-4-2 所示的思维导图复习教材中学到的知识点和技能点。

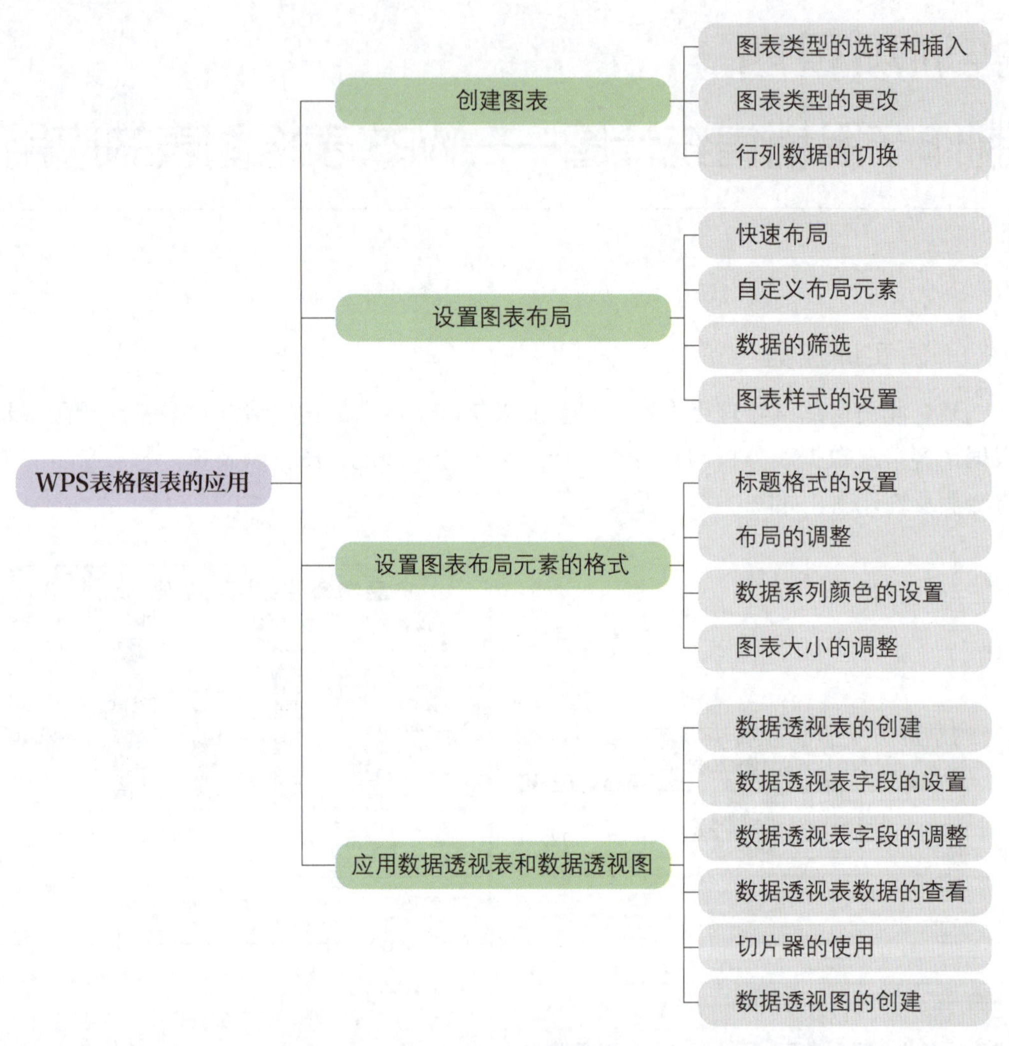

图 2-4-2　思维导图

本项目需要制作图表、数据透视表、数据透视图，通过图表分析、查看数据。制作图表的目的是分析四个季度的销售情况，应选择簇状柱形图，由于产品数据量较大，应先使用分类汇总功能对数据进行分类后再制作图表。数据透视表和数据透视图是动态图表，可以通过调整字段区域展示不同的数据，方便且直观。

三、实训计划制订

根据任务分析，制订完成本项目的实训计划，填入表 2-4-1 中。

表 2-4-1　实训计划

序号	工作内容	所需时间
1		
2		
3		
4		

四、操作步骤提示

打开素材中的“产品销售统计表.xlsx”，使用 Sheet1 工作表中的数据，按照表 2-4-2 所列的操作步骤提示完成本项目。

表 2-4-2　操作步骤提示

序号	操作步骤	内容
1	排序数据	以“季度”为主要关键字，使用自定义序列按“第一季度、第二季度、第三季度、第四季度”的顺序排序
2	分类汇总	以“季度”为分类汇总字段，以“销售数量”和“销售金额”为汇总项，进行求和分类汇总；只显示季度汇总项，隐藏其余数据
3	创建图表	使用隐藏后的 C2：C21、F2：F21 单元格区域数据在 Sheet1 工作表中创建一个簇状柱形图
4	调整图表布局	使用快速布局中的“布局 9”设置图表；为图表添加数据标签，并在外显示数据标签；使用图表样式中的“样式 3”设置图表
5	设置图表标题	录入图表标题文字“产品销售统计图（单位：元）”，设置其字体为“黑体”、字号为“18 号”、字形为“加粗”
6	设置坐标轴标题的格式	将 Y 轴标题的文字方向设置为“竖排”；录入 Y 轴坐标轴标题文字“金额”，设置其字体为“黑体”、字号为“9 号”、字形为“加粗”，并将 Y 轴标题文字字符间距加宽 5 磅；录入 X 轴标题文字为“季度”，设置其字体为“黑体”、字号为“9 号”、字形为“加粗”，并将 X 轴标题文字字符间距加宽 5 磅；移动 X 轴至左侧

续表

序号	操作步骤	内容
7	设置图表背景的格式	设置图表背景颜色为“白烟 - 背景 1- 深色 5%”
8	设置图例的格式	将图例位置设置为“在右侧”
9	移动图表	将图表移动至 A25：F40 单元格区域中
10	保存文档	按组合键 Ctrl+S 保存文档

打开素材中的“产品销售统计表.xlsx”，使用 Sheet2 工作表中的数据，按照表 2-4-3 所列的操作步骤提示完成数据透视表和数据透视图的制作。

表 2-4-3 操作步骤提示

序号	操作步骤	内容
1	创建数据透视表	使用 A2：F17 单元格区域数据，创建一个空白的数据透视表
2	设置数据透视表元素	以“店铺”为报表筛选器，以“季度”为列标签，以“品名”为行标签，以“销售金额”为求和项
3	使用条件格式突出显示数据	使用条件格式将北斗数码的“第三季度、第四季度”销售金额前 3 项以“浅红填充色、深红色文本”突出显示出来
4	创建数据透视图	单击选定数据透视表中的某个单元格，单击“分析”选项卡中的“数据透视图”按钮，插入一个簇状柱形图，录入图表标题“产品销售统计图（单位：元）”
5	保存文档	按组合键 Ctrl+S 保存文档

将实训过程中遇到的疑点、难点及相应的解决方法和心得体会记录在表 2-4-4 中，并在组内进行讨论和分享。

表 2-4-4 经验和心得记录

序号	涉及的操作步骤	经验和心得

五、实训评价

实训项目完成后，以适当的形式在班级内展示学习成果，交流学习心得，并归纳、总结实训中的收获，纳入思维导图中。

采用学生自评、学生互评与教师评价相结合的多元评价方式，按照表 2-4-5 所列评价项目完成实训评价。

表 2-4-5　实训评价

序号	评价项目	评价要求	配分 / 分	学生自评（占比 30%）	学生互评（占比 30%）	教师评价（占比 40%）
1	自主复习	实训前能应用思维导图复习、总结学过的内容	5			
2	实训计划制订	对实训任务的分析准确、到位，有明确与可行的操作步骤	10			
3	项目实施及实训评价	操作熟练、得当，成果能满足任务要求，具体包括： 1. 能正确使用分类汇总统计数据（5 分） 2. 能正确创建图表、调整图表布局，正确设置图表各项元素的格式，如图表标题、坐标轴标题、图表背景、图例等（30 分） 3. 能正确创建数据透视表，设置数据透视表元素，查看并分析数据透视表数据（15 分） 4. 能正确创建数据透视图，查看并分析数据透视图（10 分） 5. 能使用正确的名称、文件类型和存储路径保存文件（10 分）	70			
4	成果展示及学习心得交流	成果展示与汇报时，能使用专业术语，口头表达准确，语言清晰流畅，发言声音洪亮，倾听汇报耐心，仪态大方	10			
5	自主总结	能对实训后的收获进行梳理、总结并纳入思维导图中	5			
6	6S 规范	每发现 1 次不符合规范的操作扣 2 分；若违反安全操作规范，实训成绩记 0 分	—			
	综合得分		100			

六、实训拓展

1. 制作企业耗材上半年销售统计图

某耗材公司想通过制作图表查看上半年耗材的销售情况。打开素材中的“企业耗材上半年销售统计表.xlsx”，使用Sheet1工作表中的数据完成企业耗材上半年销售统计图的制作，如图2-4-3所示。

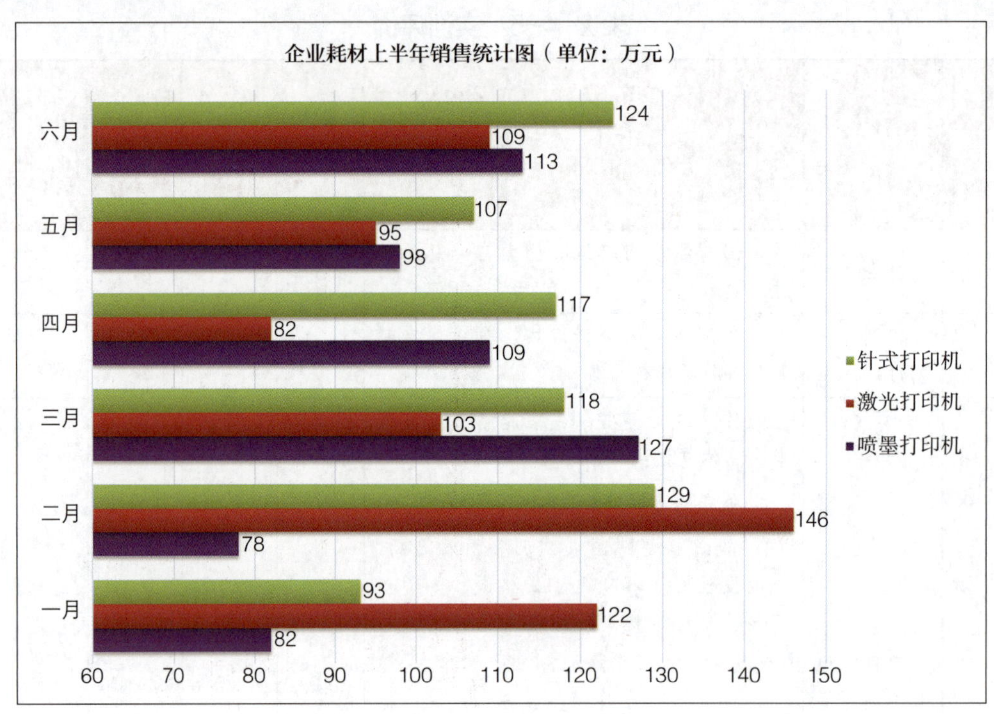

图2-4-3 企业耗材上半年销售统计图

2. 制作竞赛成绩统计图

学院信息技术系举办技能竞赛，请你协助该系制作竞赛成绩统计图。打开素材中的“竞赛成绩统计表.xlsx”，使用Sheet1工作表中的数据完成竞赛成绩统计图的制作，如图2-4-4所示。

3. 制作产品出库情况数据透视表和数据透视图

某店铺后勤部员工小吴想通过制作数据透视表快速汇总分析8月的产品出库情况。打开素材中的“产品出库情况表.xlsx”，使用Sheet1工作表中的数据完成产品出库情况数据透视表和数据透视图的制作，如图2-4-5所示。

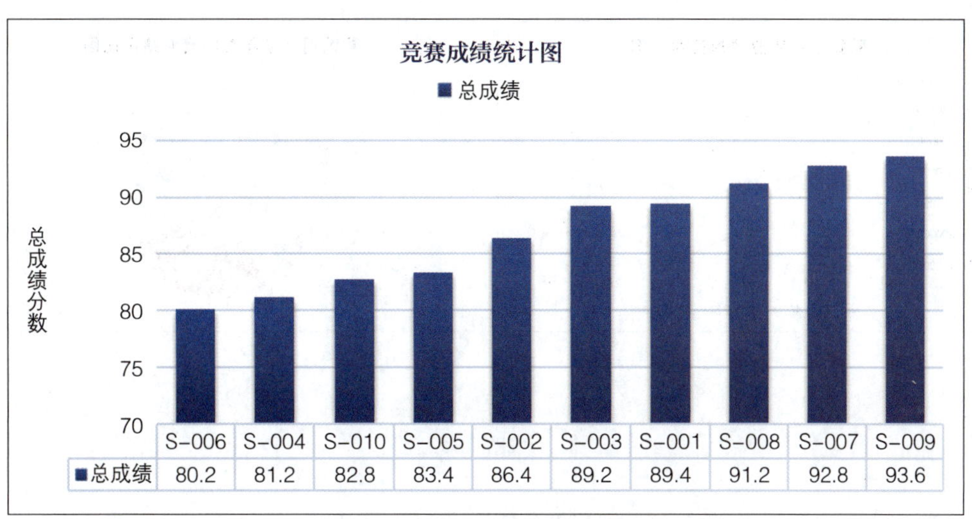

图 2-4-4　竞赛成绩统计图

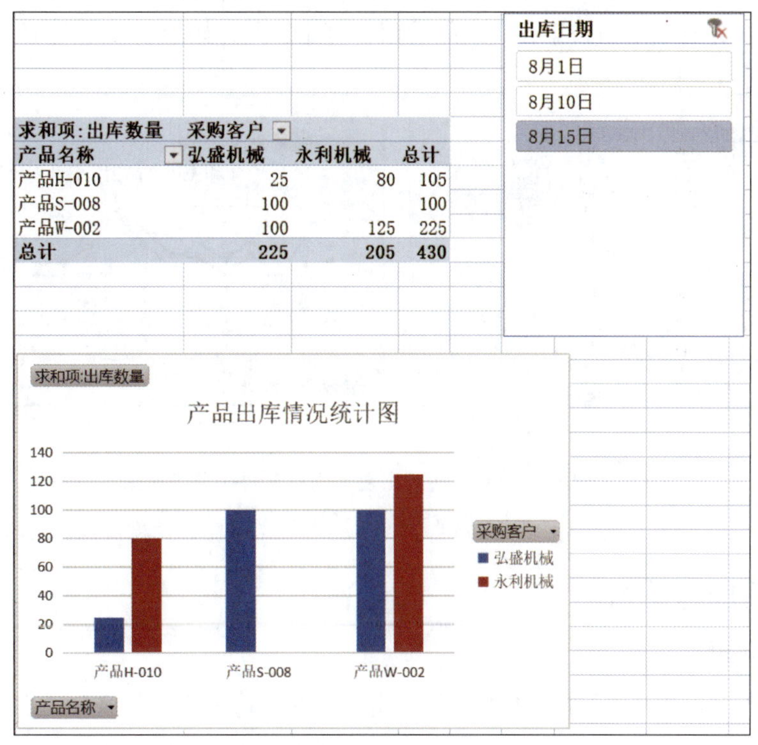

图 2-4-5　产品出库情况数据透视表和数据透视图

4. 制作企业销售业绩统计图

企业在销售产品时，需要定期统计各销售部门的业绩，以观察各营销组的销售情况。请你通过创建折线图查看三个营销组的销售业绩趋势，创建饼图查看三个营销组上半年总业绩的占比图，如图 2-4-6 所示。

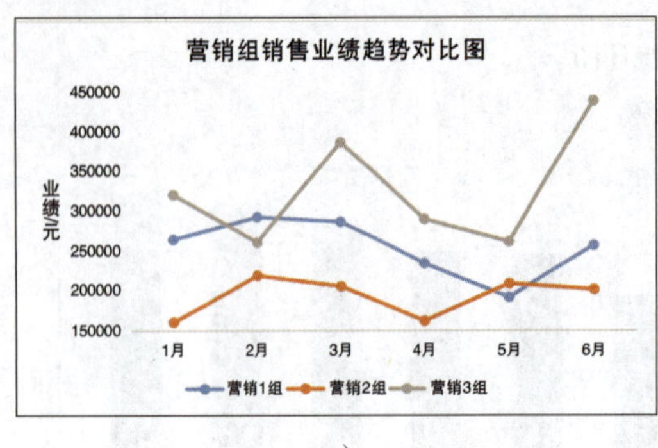

a）

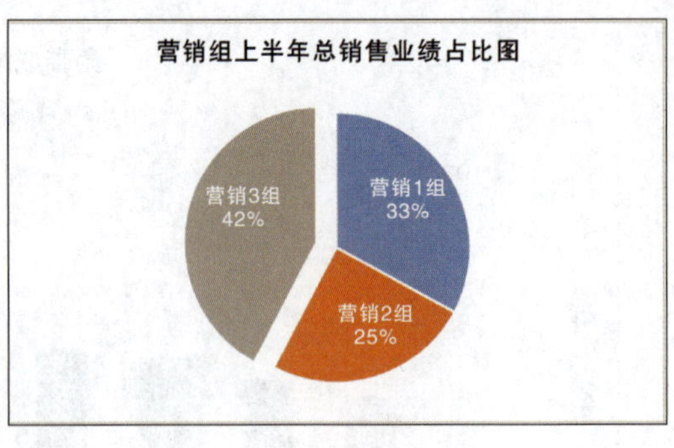

b）

图 2-4-6　企业销售业绩统计图

a）折线图　b）饼图

5. 制作产品销售数据透视表和数据透视图

结合所学的数据透视表和数据透视图的知识，制作产品销售对比数据透视表和数据透视图，并分析今年和去年各类产品的销售对比情况，如图 2-4-7 所示。

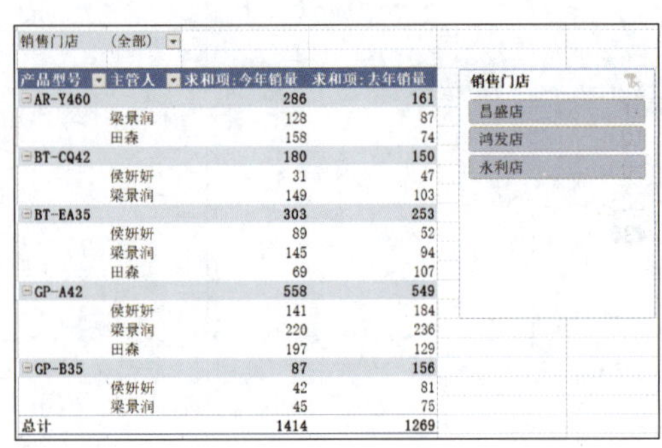

销售门店　（全部）

产品型号	主管人	求和项:今年销量	求和项:去年销量
AR-Y460		286	161
	梁景润	128	87
	田森	158	74
BT-CQ42		180	150
	侯妍妍	31	47
	梁景润	149	103
BT-EA35		303	253
	侯妍妍	89	52
	梁景润	145	94
	田森	69	107
GP-A42		558	549
	侯妍妍	141	184
	梁景润	220	236
	田森	197	129
GP-B35		87	156
	侯妍妍	42	81
	梁景润	45	75
总计		1414	1269

销售门店
昌盛店
鸿发店
永利店

a）

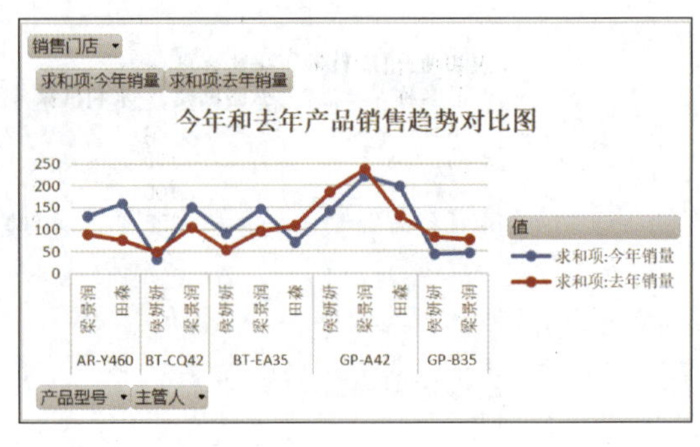

b）

图 2-4-7　产品销售对比数据透视表和数据透视图

a）数据透视表　b）数据透视图

七、巩固与练习

1. 判断题

（1）在 WPS 表格中，图表类型一经选定建立后，将不能进行修改。　（　　）

（2）在 WPS 表格中，创建的图表和数据只能在同一张工作表中。　（　　）

（3）在 WPS 表格中，柱形图适用于比较数据的大小。　（　　）

（4）在 WPS 表格中，可以通过改变数据透视图布局，以不同的方式查看数据。　（　　）

（5）在 WPS 表格中，数据透视表是一种可以快速汇总大量数据的交互式表格。　（　　）

2. 单选题

（1）在 WPS 表格中，图表是数据的一种视觉表示形式，图表是动态的，改变了图表（　　），WPS 表格会自动更改图表。

A. X 轴数据　　B. Y 轴数据　　C. 所依赖的数据　　D. 标题

（2）在 WPS 表格中，不属于图表类型的是（　　）图。

A. 柱形　　B. 饼　　C. 组合　　D. 交叉

（3）能清楚地反映出各种数量多少的图表是（　　）图；不仅能反映数量的多少，还能反映数量增减变化情况的图表是（　　）图。

A. 柱形　折线　　B. 柱形　饼

C. 折线　柱形　　D. 饼　折线

（4）在 WPS 表格中，关于组合图操作的说法中错误的是（　　）。

A. 插入组合图时，可以在选中数据区域后，通过“插入”选项卡中的“全部图表”中的“组合图”命令完成操作

B. 组合图可以通过“图表工具”选项卡中的“添加元素”添加“数据标签”

C. 组合图可以通过“绘图工具”选项卡中的“添加元素”添加“数据标签”

D. 组合图中的“数据标签”可以更改字体及大小

（5）在 WPS 表格中可以创建嵌入式图表，它和创建图表的数据源放置在（　　）工作表中。

A. 不同的　　B. 相邻的　　C. 同一张　　D. 另一工作簿的

（6）在 WPS 表格中，用（　　）图能表现数据的变化趋势（或轨迹）。

A. 折线　　B. 条形　　C. 饼　　D. 柱形

（7）在 WPS 表格中，正确选定数据区域创建图表是很关键的，若需选定不连续的列数据，可配合（　　）键选定。

A. Alt　　B. Shift　　C. Ctrl　　D. Home

（8）在 WPS 表格中，以下不是数据透视表区域的是（　　）区域。

A. 分类　　B. 行　　C. 列　　D. 值

（9）在 WPS 表格中，如要将已创建的整个数据透视表删除，可以通过（　　）操作完成。

A. 选定数据透视表，按 Delete 键

B. 选定数据透视表，按 Backspace 键

C. 选定数据透视表，单击选择“分析”选项卡中的“清除”命令

D. 选定数据透视表，单击选择“分析”选项卡中的“删除数据透视表”命令

（10）在 WPS 表格中，以下方法中不能创建数据透视图的是（　　）。

A. 单击选择“插入”选项卡中的“数据透视图”命令

B. 单击选中数据透视表中任意一个单元格，单击选择“分析”选项卡中的“数据透视图”命令

C. 单击选中数据透视表中任意一个单元格，单击选择“插入”选项卡中的“全部图表”命令

D. 单击选择“插入”选项卡中的“全部图表”命令

实训项目五
元旦晚会数据分析——WPS 表格的综合应用

一、实训任务

学校在元旦到来之际举行了“迎新年贺新春”元旦晚会，你作为学生会的成员，需要根据学生处提供的资料，完成元旦晚会的表格制作与数据分析，要求如下。

1. 完善初审节目报送表格，如图 2–5–1 所示。

2. 分析观看人数、投票人数等数据，如图 2–5–2 所示。

3. 创建图表进行数据分析，如图 2–5–3 所示。

节目	班级	班主任
《春雨》	21级1班	巫丽萍
《漫长岁	21级3班	李桂均
《勇者》	23级12班	曾东
《闪光闪	22级6班	廖佩琳
《梁祝》	20级1班	黄琴
《相思》	23级16班	刘杰
《SEVENTI	21级7班	俞翠琼
《有一朵	20级9班	张耀伟
《你好，	23级12班	陈小凤
《甜甜的	23级9班	郑咏诗
《远山》	22级8班	蔡惠英
《我的十	22级1班	杨丽琼
《九十九	21级11班	江顺好
《我的故	21级2班	顾丽
《放假》	20级10班	梁启汉
《安可》	23级11班	梁玩雄
《月亮》	23级12班	崔永军
《我爱我	22级4班	杨小青
《时光照	22级18班	秦华军
《时装走	19级3班	黄兴文
《感谢有	23级3班	赵聚伟
《难忘今	全体	

a）

Z市新时代技术职业学校“迎新年贺新春”元旦晚会节目单										
序号	节目	类型	参演人员	班级	班主任	道具	灯光	大屏	音乐	备注
		学校领导发言				花台麦	顶灯	有		
Z001	《春雨》	舞蹈		21级1班	巫丽萍	无	效果	无	√	
Z002	《漫长岁月》	唱歌		21级3班	李桂均	手持麦x4	追光	有	√	
Z003	《勇者》	唱歌		23级12班	曾东	手持麦x2	顶灯	有	√	
Z004	《闪光闪光》	舞蹈		22级6班	廖佩琳	无	追光	无	√	
Z005	《梁祝》	乐器演奏		20级1班	黄琴	古筝x12	定点光	无		
		年度优秀学生颁奖仪式				无	顶灯	有		
Z006	《相思》	舞蹈		23级16班	刘杰	无	暗场	有	√	
Z007	《SEVENTEEN》	舞蹈		21级7班	俞翠琼	耳麦x7	灯光30%	无	√	
Z008	《有一朵花》	小品		20级9班	张耀伟	桌椅、KT板	顶灯	有		
Z009	《你好，学校》	小品		23级12班	陈小凤	无	效果	有		
		抽奖活动				玩偶x3	效果	有		
Z010	《甜甜的》	舞蹈		23级9班	郑咏诗	耳麦x6	效果	有	√	
Z011	《远山》	唱歌		22级8班	蔡惠英	手持麦x1	灯光30%	有	√	
Z012	《我的十年》	唱歌		22级1班	杨丽琼	无	定点光	有	√	
Z013	《九十九个愿望》	舞蹈		21级11班	江顺好	无	灯光30%	有	√	
Z014	《我的故乡》	朗诵		21级2班	顾丽	假花x3，手持麦x2	顶灯	无	√	
Z015	《放假》	小品		20级10班	梁启汉	无	顶灯	有	√	
		抽奖活动				玩偶x3	效果	有		
Z016	《安可》	唱歌		23级11班	梁玩雄	钢琴，大提琴，架子鼓，立麦x6	暗场	无	√	
Z017	《月亮》	唱歌		23级12班	崔永军	手持麦x2	追光	无	√	
Z018	《我爱我的祖国》	朗诵		22级4班	杨小青	手持麦x2	顶灯	有		
Z019	《时光照相馆》	小品		22级18班	秦华军	无	效果	无		
Z020	《时装走秀》	其他		19级3班	黄兴文	无	追光	有	√	
Z021	《感谢有你》	唱歌		23级3班	赵聚伟	钢琴，立麦x3	效果	无	√	
Z022	《难忘今宵》	唱歌		全体		钢琴，立麦x3	效果	无	√	
		散场				无人机x10	顶灯	有	√	退场需要志愿者x20

b）

图 2-5-1　完善初审节目报送表格

a）学生处报送的通过初审的节目表格　b）利用不同方法录入表格剩余数据，使用表格样式、填充等美化表格

序号	节目	学生	教师	职工	现场观看	AA网	ZXA平台	J1Y音乐	SGI-emai	网络观看	网络平均	总人数	观看人数排名
	《春雨》	5525	421	125	6071	15252	54355	9855	1011				
	《漫长岁	5525	421	125	6071	26289	64464	8144	1525				
	《勇者》	5525	421	125	6071	33001	45435	10012	2562				
	《闪光闪	5525	421	125	6071	35265	65433	11025	2622				
	《梁祝》	5525	421	125	6071	29256	33321	11965	3655				
	《相思》	5525	421	125	6071	33256	44354	12584	4561				
	《SEVENTI	5525	421	125	6071	45869	56654	11747	6325				
	《有一朵	5525	421	125	6071	36359	57896	12698	5968				
	《你好，	5525	421	125	6071	35666	44353	13256	7214				
	《甜甜的	5525	421	125	6071	33658	39805	12489	5954				
	《远山》	5525	421	125	6071	35569	57932	15695	8584				
	《我的十	5525	421	125	6071	40256	45788	17859	7852				
	《九十九	5525	421	125	6071	44586	56980	14585	4585				
	《我的故	5525	421	125	6071	48596	69043	14525	5691				
	《放假》	5525	421	125	6071	50023	45653	15896	4599				
	《安可》	5525	421	125	6071	69525	45901	14258	5698				
	《月亮》	5525	421	125	6071	61027	54005	15252	4152				
	《我爱我	5525	421	125	6071	63044	66780	16581	4568				
	《时光照	5525	421	125	6071	59028	47851	17458	7458				
	《时装走	5525	421	125	6071	61025	50932	15245	4152				
	《感谢有	5525	421	125	6071	58602	67092	19858	3996				
	《难忘今	5525	421	125	6071	56026	60341	15854	4582				
平台观看平均人数													

a）

Z市新时代技术职业学校“迎新年贺新春”元旦晚会观看人数													
序号	节目	学生	教师	职工	现场观看人数	AA网	ZXA平台	J1Y音乐	SGI-email	网络观看总人数	网络平均观看人数	总人数	观看人数排名
Z001	《春雨》	5525	421	125	6071	15252	54355	9855	1011	80473	20118	92615	21
Z002	《漫长岁月》	5525	421	125	6071	26289	64464	8144	1525	100422	25106	112564	17
Z003	《勇者》	5525	421	125	6071	33001	45435	10012	2562	91010	22753	103152	20
Z004	《闪光闪光》	5525	421	125	6071	35265	65433	11025	2622	114345	28586	126487	13
Z005	《梁祝》	5525	421	125	6071	29256	33321	11965	3655	78197	19549	90339	22
Z006	《相思》	5525	421	125	6071	33256	44354	12584	4561	94755	23689	106897	18
Z007	《SEVENTEEN》	5525	421	125	6071	45869	56654	11747	6325	120595	30149	132737	10
Z008	《有一朵花》	5525	421	125	6071	36359	57896	12698	5968	112921	28230	125063	14
Z009	《你好，学校》	5525	421	125	6071	35666	44353	13256	7214	100489	25122	112631	16
Z010	《甜甜的》	5525	421	125	6071	33658	39805	12489	5954	91906	22977	104048	19
Z011	《远山》	5525	421	125	6071	35569	57932	15695	8584	117780	29445	129922	11
Z012	《我的十年》	5525	421	125	6071	40256	45788	17859	7852	111755	27939	123897	15
Z013	《九十九个愿望》	5525	421	125	6071	44586	56980	14585	4585	120736	30184	132878	9
Z014	《我的故乡》	5525	421	125	6071	48596	69043	14525	5691	137855	34464	149997	3
Z015	《放假》	5525	421	125	6071	50023	45653	15896	4599	116171	29043	128313	12
Z016	《安可》	5525	421	125	6071	69525	45901	14258	5698	135382	33846	147524	5
Z017	《月亮》	5525	421	125	6071	61027	54005	15252	4152	134436	33609	146578	6
Z018	《我爱我的祖国》	5525	421	125	6071	63044	66780	16581	4568	150973	37743	163115	1
Z019	《时光照相馆》	5525	421	125	6071	59028	47851	17458	7458	131795	32949	143937	7
Z020	《时装走秀》	5525	421	125	6071	61025	50932	15245	4152	131354	32839	143496	8
Z021	《感谢有你》	5525	421	125	6071	58602	67092	19858	3996	149548	37387	161690	2
Z022	《难忘今宵》	5525	421	125	6071	56026	60341	15854	4582	136803	34201	148945	4
平台观看平均人数						44144	53380	13947	4878				

b）

序号	节目	现场点赞人数		网络点赞人数		点赞总人数			学生投票			教师投票			职工投票			现场投票总数			网络投票			投票总数			学生投票排名	现场投票排名	网络投票排名	投票总数排名	网络对舞台效果的影响
		男	女	男	女	男	女	合	男	女	合	男	女	合	男	女	合	男	女	合	男	女	合	男	女	合					
2001	《春雨》	2105	2256	10215	32525				75	88		16	3		4	3		95	94		877	1923		972	2017						
2002	[漫长岁月]	2661	2152	15202	40093				89	112		9	5		2	4		100	121		899	1409		999	1610						
2003	《勇者》	2102	2125	11021	30984				67	65		9	2		1	0		77	67		909	1567		986	1634						
2004	[闪光闪光]	2856	2451	15245	39803				145	134		6	2		2	2		153	138		1002	3090		1155	3228						
2005	《梁祝》	1502	1925	16958	33992				45	90		21	7		4	3		70	100		1090	2903		1160	3003						
2006	《相思》	1985	1854	15825	29090				56	45		23	4		4	1		83	50		992	2304		1075	2354						
2007	SEVENTEEN	2568	2465	21021	38490				234	223		8	8		0	4		242	235		1456	3894		1690	4129						
2008	[有一朵花]	2122	2012	20125	30221				77	110		12	3		2	1		91	114		1561	3210		1652	3324						
2009	你好，学校	2153	2058	15685	29304				112	67		11	3		2	2		125	72		1248	2903		1373	2975						
2010	《[illegible]》	2456	2205	16625	30492				256	201		12	5		5	5		273	211		1456	3490		1729	3701						
2011	《远山》	2758	1986	14758	29090				39	45		21	4		3	1		63	50		1120	2913		1183	2963						
2012	[我的十年]	2565	1998	19256	34503				102	77		18	6		4	3		124	86		1878	3342		2002	3428						
2013	.十九个眼	2001	1765	18928	35785				168	154		12	8		2	1		182	163		2093	3409		2275	3572						
2014	[我的故乡]	1968	1859	16763	34095				34	23		31	11		7	4		72	38		1909	3041		1981	3079						
2015	《放假》	2201	2365	17893	30001				178	155		4	6		2	0		184	161		2228	2673		2412	2834						
2016	《安可》	2526	2498	19793	42093				331	189		11	7		3	4		345	200		2349	3587		2694	3787						
2017	《月亮》	1825	2104	16763	32092				109	98		6	1		1	1		116	100		1001	3021		1117	3121						
2018	[爱我的祖	2083	2002	17878	34811				103	112		19	5		4	3		126	120		1893	3214		2019	3334						
2019	时光照相馆	2156	2201	18090	31983				189	98		11	6		5	4		205	108		2210	2790		2415	2898						
2020	[时装走秀]	2658	2356	18920	30201				267	168		19	5		2	4		287	177		2890	3321		3177	3498						
2021	[感谢有你]	2417	2247	17809	31002				167	89		15	5		3	2		185	96		2010	3021		2195	3117						
2022	[难忘今宵]	2856	2285	15678	37039				109	74		16	6		7	4		132	84		1892	3094		2024	3178						

c）

Z市新时代技术职业学校“迎新年贺新春”元旦晚会观众投票

序号	节目	现场点赞人数		网络点赞人数		点赞总人数			学生投票			教师投票			职工投票			现场投票总数			网络投票			投票总数			学生投票排名	现场投票排名	网络投票排名	投票总数排名	网络对舞台效果的影响
		男	女	男	女	男	女	合	男	女	合	男	女	合	男	女	合	男	女	合	男	女	合	男	女	合					
2001	《春雨》	2105	2256	10215	32525	12320	34781	47101	75	88	163	16	3	19	4	3	7	95	94	189	877	1923	2800	972	2017	2989	17	17	20	20	不确定
2002	《漫长岁月》	2661	2152	15202	40093	17863	42245	60108	89	112	201	9	5	14	2	4	6	100	121	221	899	1409	2308	999	1610	2609	12	11	22	22	有
2003	《勇者》	2102	2125	11021	30984	13123	33109	46232	67	65	132	9	2	11	1	0	1	77	67	144	909	1567	2476	986	1634	2620	19	19	21	21	不确定
2004	《闪光闪光》	2856	2451	15245	39803	18101	42254	60355	145	134	279	6	2	8	2	2	4	153	138	291	1002	3090	4092	1155	3228	4383	8	8	15	14	有
2005	《梁祝》	1502	1925	16958	33992	18460	35917	54377	45	90	135	21	7	28	4	3	7	70	100	170	1090	2903	3993	1160	3003	4163	18	18	18	17	无
2006	《相思》	1985	1854	15825	29090	17810	30944	48754	56	45	101	23	4	27	4	1	5	83	50	133	992	2304	3296	1075	2354	3429	20	20	19	19	无
2007	《SEVENTEEN》	2568	2465	21021	38490	23589	40955	64544	234	223	457	8	8	16	0	4	4	242	235	477	1456	3894	5350	1690	4129	5819	2	3	4	4	无
2008	《有一朵花》	2122	2012	20125	30221	22247	32233	54480	77	110	187	12	3	15	2	1	3	91	114	205	1561	3210	4771	1652	3324	4976	13	15	13	13	不确定
2009	《你好，学校》	2153	2058	15685	29304	17838	31362	49200	112	67	179	11	3	14	2	2	4	125	72	197	1248	2903	4151	1373	2975	4348	15	16	14	15	不确定
2010	《[illegible]》	2456	2205	16625	30492	19081	32697	51778	256	201	457	12	5	17	5	5	10	273	211	484	1456	3490	4946	1729	3701	5430	7	2	11	6	有
2011	《远山》	2758	1986	14758	29090	17516	31076	48592	39	45	84	21	4	25	3	1	4	63	50	113	1120	2913	4033	1183	2963	4146	21	21	16	18	有
2012	《我的十年》	2565	1998	19256	34503	21821	36501	58322	102	77	179	18	6	24	4	3	7	124	86	210	1878	3342	5220	2002	3428	5430	15	14	5	5	有
2013	《九十九个眼望》	2001	1765	18928	35785	20929	37550	58479	168	154	322	12	8	20	2	1	3	182	163	345	2093	3409	5502	2275	3572	5847	6	5	3	3	不确定
2014	《我的故乡》	1968	1859	16763	34095	18731	35954	54685	34	23	57	31	11	42	7	4	11	72	38	110	1909	3041	4950	1981	3079	5060	22	22	10	12	有
2015	《放假》	2201	2365	17893	30001	20094	32366	52460	178	155	333	4	6	10	2	0	2	184	161	345	2228	2673	4901	2412	2834	5246	9	5	12	10	有
2016	《安可》	2526	2498	19793	42093	22319	44591	66910	331	189	520	11	7	18	3	4	7	345	200	545	2349	3587	5936	2694	3787	6481	1	1	2	2	无
2017	《月亮》	1825	2104	16763	32092	18588	34196	52784	109	98	207	6	1	7	1	1	2	116	100	216	1001	3021	4022	1117	3121	4238	11	12	17	16	有
2018	《我爱我的祖国》	2083	2002	17878	34811	19961	36813	56774	103	112	215	19	5	24	4	3	7	126	120	246	1893	3214	5107	2019	3334	5353	10	10	6	7	有
2019	《时光照相馆》	2156	2201	18090	31983	20246	34184	54430	189	98	287	11	6	17	5	4	9	205	108	313	2210	2790	5000	2415	2898	5313	7	7	8	8	无
2020	《时装走秀》	2658	2356	18920	30201	21578	32557	54135	267	168	435	18	5	23	2	4	6	287	177	464	2890	3321	6211	3177	3498	6675	4	4	1	1	不确定
2021	《感谢有你》	2417	2247	17809	31002	20226	33249	53475	167	89	256	15	5	20	3	2	5	185	96	281	2010	3021	5031	2195	3117	5312	9	9	7	9	不确定
2022	《难忘今宵》	2856	2285	15678	37039	18534	39324	57858	109	74	183	16	6	22	7	4	11	132	84	216	1892	3094	4986	2024	3178	5202	14	12	9	11	不确定

d）

图 2-5-2　分析观看人数、投票人数等数据

a）学生处提供的本次晚会视频各网络平台的观看人数　b）计算网络观看总人数和平均人数等数据，利用公式计算排名，突出显示高于平台观看平均数的节目数据　c）学生处提供的本次晚会各渠道的投票人数　d）计算各投票总数、排名等；分别突出显示现场投票、网络投票均在前 30% 和后 30% 的节目；判断网络对舞台效果的影响（网络投票与现场投票排名误差在 3 名次以上为有影响，在 1 名次以内为无影响，其余不确定）

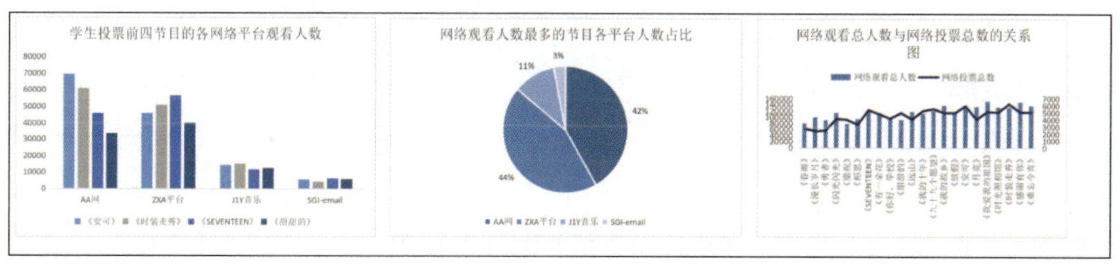

图 2-5-3　创建图表进行数据分析

二、实训分析

要完成本实训项目，应按照图 2–5–4 所示的思维导图复习教材中学到的知识点和技能点。

本项目需要根据所提供的表格数据，完成元旦晚会的表格制作与数据分析，涉及创建和录入表格内容、编辑和美化表格、表格公式及函数运算、表格数据的分析、表格图表的应用等。在完成项目的过程中，应熟悉各项功能在 WPS 表格中的位置及使用技巧。

三、实训计划制订

根据任务分析，制订完成本项目的实训计划，填入表 2–5–1 中。

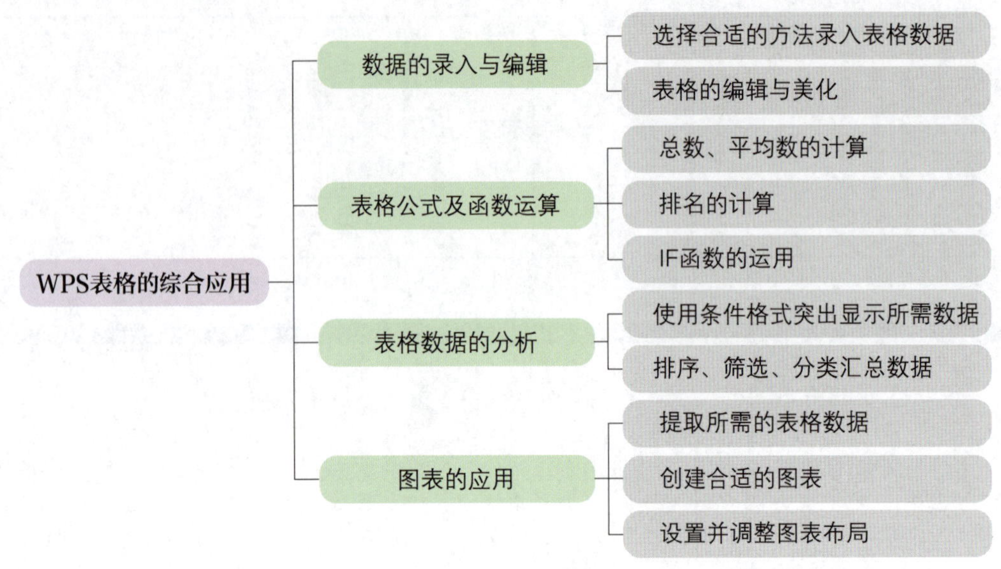

图 2-5-4　思维导图

表 2-5-1　实训计划

序号	工作内容	所需时间

四、操作步骤提示

按照表 2-5-2 所列的操作步骤提示完成本项目。

表 2-5-2　操作步骤提示

序号	操作步骤	内容
1	新建工作簿并命名	新建一个空白的 WPS 表格，以“元旦晚会数据分析.xlsx”为文件命名，并将其保存至学生文件夹中
2	数据的录入与编辑	复制“学生处报送的通过初审的节目表格”的数据内容，根据参考图片插入新单元格，合并需要合并的单元格，使用“数据－有效性”组合键 Ctrl+Enter 等录入剩余数据 使用表格样式美化表格，调整文字格式、行高、列宽等，单独调整部分单元格的填充及边框效果
3	表格公式及函数运算	新建工作表，重命名为“观看人数”，复制“学生处提供的本次晚会视频各平台的观看人数”中的数据到该工作表中；新建工作表，重命名为“投票人数”，复制“学生处提供的本次晚会各渠道的投票人数”中的数据到该工作表中
4		使用 SUM 函数计算总数，使用 AVERAGE 函数计算平均数，使用 RANK 函数计算排名
5		判断网络对舞台效果的影响，使用 IF 函数“=IF（AD4−AC4>3，“有”，IF(AD4−AC4>=2，“不确定”，IF(AD4−AC4>−2，“无”，IF(AD4−AC4>=−3，“不确定”，IF（AD4−AC4<−3，“有”，FALSE）））））”
6	表格数据的分析	在已完成计算的观看人数工作表中，利用条件格式的设置，填充“橙色，着色 4，浅色 40%”，突出显示高于平台观看平均数的节目数据
7		在已完成计算的投票人数工作表中，利用条件格式的设置，分别选择“浅红色”填充、“绿色”填充突出显示现场投票及网络投票在前 30% 和后 30% 的节目，并将均在前 30% 和后 30% 的节目名称加粗显示
8	图表的应用	新建工作表，重命名为“统计图表”；根据“学生投票前四节目的各网络平台观看人数”“网络观看人数最多的节目各平台人数占比”“网络观看总人数与网络投票总数的关系图”等提取相对应的数据在该工作表内创建对应的图表
9		根据参考图片调整图表布局并美化图表，移动其至对应的位置
10	综合调整并保存文档	制作完成后，预览全貌并做相应调整，按组合键 Ctrl+S 保存文档

将实训过程中遇到的疑点、难点及相应的解决方法和心得体会记录在表 2-5-3 中，并在组内进行讨论和分享。

表 2-5-3　经验和心得记录

序号	涉及的操作步骤	经验和心得

五、实训评价

实训项目完成后，以适当的形式在班级内展示学习成果，交流学习心得，并归纳、总结实训中的收获，纳入思维导图中。

采用学生自评、学生互评与教师评价相结合的多元评价方式，按照表 2-5-4 所列评价项目完成实训评价。

表 2-5-4　实训评价

序号	评价项目	评价要求	配分 / 分	学生自评（占比 30%）	学生互评（占比 30%）	教师评价（占比 40%）
1	自主复习	实训前能应用思维导图复习、总结学过的内容	5			
2	实训计划制订	对实训任务的分析准确、到位，有明确与可行的操作步骤	10			
3	项目实施及实训评价	操作熟练、得当，成果能满足任务要求，具体如下： 1. 能新建文档，正确命名文档并录入正确的数据（10 分） 2. 能按照要求完成字体格式、行高、列宽等设置，完成单元格的填充、边框效果调整（10 分） 3. 能够正确使用 SUM、AVERAGE、RANK、IF 等函数完成数据运算（20 分）	70			

续表

序号	评价项目	评价要求	配分 / 分	学生自评（占比 30%）	学生互评（占比 30%）	教师评价（占比 40%）
3	项目实施及实训评价	4. 能利用条件格式完成数据统计（10 分） 5. 能创建图表，并按要求完成设置和美化（20 分）	70			
4	成果展示及学习心得交流	成果展示与汇报时，能使用专业术语，口头表达准确，语言清晰流畅，发言声音洪亮，倾听汇报耐心，仪态大方	10			
5	自主总结	能对实训后的收获进行梳理、总结并纳入思维导图中	5			
6	6S 规范	每发现 1 次不符规范的操作扣 2 分；若违反安全操作规范，实训成绩记 0 分	—			
综合得分			100			

六、实训拓展

1. 为使节目表演者更加了解节目的演出效果，根据所给数据表格以及前期计算数据，制作每个节目单独的数据条，如图 2-5-5 所示。

节目单独数据条

序号	节目	现场观看人数	网络观看总人数	观看人数排名	现场点赞总数	网络点赞总数数	现场投票总数	网络投票总数	学生投票排名	现场投票排名	网络投票排名	投票总数排名
Z001	《春雨》	6071	80473	21	4361	42740	189	2800	17	17	20	20

节目单独数据条

序号	节目	现场观看人数	网络观看总人数	观看人数排名	现场点赞总数	网络点赞总数数	现场投票总数	网络投票总数	学生投票排名	现场投票排名	网络投票排名	投票总数排名
Z002	《漫长岁月》	6071	100422	17	4813	55295	221	2388	12	11	22	22

节目单独数据条

序号	节目	现场观看人数	网络观看总人数	观看人数排名	现场点赞总数	网络点赞总数数	现场投票总数	网络投票总数	学生投票排名	现场投票排名	网络投票排名	投票总数排名
Z003	《勇者》	6071	91010	20	4227	42005	144	2476	19	19	21	21

节目单独数据条

序号	节目	现场观看人数	网络观看总人数	观看人数排名	现场点赞总数	网络点赞总数数	现场投票总数	网络投票总数	学生投票排名	现场投票排名	网络投票排名	投票总数排名
Z004	《闪光闪光》	6071	114345	13	5307	55048	291	4092	8	8	15	14

节目单独数据条

序号	节目	现场观看人数	网络观看总人数	观看人数排名	现场点赞总数	网络点赞总数数	现场投票总数	网络投票总数	学生投票排名	现场投票排名	网络投票排名	投票总数排名
Z005	《梁祝》	6071	78197	22	3427	50950	170	3993	18	18	18	17

图 2-5-5　制作每个节目单独的数据条

2. 为帮助节目导演了解节目的演出效果，制作不同图表分析投票总数前四的节目各网络平台观看人数的数据对比，各节目网络投票和现场投票数据的对比；总投票第一节目的各平台渠道投票数据占比，最终效果如图 2-5-6 所示。

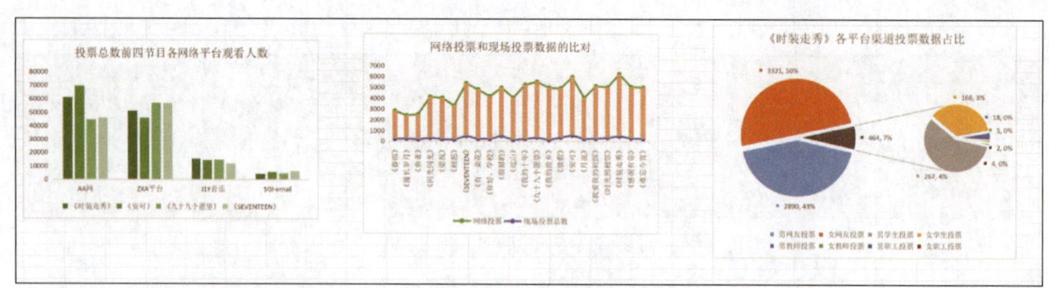

图 2-5-6　最终效果

七、巩固与练习

1. 判断题

（1）在 WPS 表格中，使用 RANK 函数对数据进行名次排名时，如果出现同分，名次会显示相同。　　（　　）

（2）在 WPS 表格中，只有相对引用和绝对引用两种单元格引用方式。　　（　　）

（3）在 WPS 表格中，可以将分类汇总的结果分页存放。　　（　　）

（4）在 WPS 表格中，可以使用组合键 Alt+Enter 快速在多个单元格中输入相同的数据。　　（　　）

（5）在 WPS 表格中，所有数据标签的颜色必须相同。　　（　　）

2. 单选题

（1）在 WPS 表格中，输入汉字“三”，向下拖动会得到（　　）。

A. 都是三

B. 三到 n 的自然填充

C. 三到日的循环填充

D. 三到日的填充后接一到日的循环填充

（2）新建一个 WPS 表格文件，默认有（　　）个工作表。

A. 1　　B. 2　　C. 3　　D. 0

（3）在 WPS 表格中计算 A1 至 D1 的和，以下计算方法中不正确的是（　　）。

A. 公式 – 自动求和　　B. 输入“=SUM（A1:D1）”

C. 输入“=A1+B1+C1+D1”　　D. 输入“=A1:D1”

（4）在 WPS 表格中，分类汇总的默认汇总方式是（　　）。

A. 求和　　B. 求平均　　C. 求最大值　　D. 求最小值

（5）在 WPS 表格中，若想选定不连续的单元格，应按（　　）键。

A. Ctrl　　B. Shift　　C. Alt　　D. Enter

（6）在 WPS 表格中，IF 函数最多可嵌套（　　）层。

A. 3　　B. 5　　C. 7　　D. 9

（7）在 WPS 表格中，添加绝对引用符的组合键是（　　）。

A. F1　　B. Shift+F1　　C. Ctrl+F4　　D. F4

（8）下列选项中，属于对单元格地址绝对引用的是（　　）。

A. F1　　B. $E4　　C. G$4　　D. B11

（9）在 WPS 表格中，使用高级筛选前必须建立（　　）。

A. 条件区域　　B. 选区

C. 条件表达式　　D. 以上选项都不正确

（10）在 WPS 表格中，图表采用的基础数据发生变化时，图表将（　　）。

A. 随数据的变化而变化　　B. 没有变化

C. 有变化，但与数据无关　　D. 被删除

模块三

WPS 演示动态表达

实训项目一

制作珠海之行演示文稿——WPS 演示文稿的创建与编辑

一、实训任务

张丽同学跟家人去珠海旅行后，在班级上以演示文稿的形式为同学展示分享了珠海的美景与美食。结合素材，制作珠海之行演示文稿，如图 3-1-1 所示。

第 1 张幻灯片

第 2 张幻灯片

第 3 张幻灯片

第 4 张幻灯片

必游景点TOP2 珠海歌剧院

中国唯一建设在海岛上的歌剧院——珠海歌剧院于2010年4月28日动工建设，选址位于野狸岛，不仅荟萃了情侣路的浪漫休闲，还糅合了珠海歌剧院的高雅氛围，更融汇了野狸岛的生态海景，珠海歌剧院现已成为多业态、多功能、一站式的海上休闲娱乐旅游体验中心。因为得天独厚的地理位置，珠海歌剧院与城建海韵城、野狸岛“合三为一”，成为粤港澳集文化、旅游、娱乐于一体的美感地标。

第 5 张幻灯片

必游景点TOP3 珠海横琴长隆海洋王国

来与珍稀的白鲸、北极熊见面!珠海横琴国际海洋度假区汇聚了海洋主题公园和度假区，以及设计、包装、设备生产、制作等各类项目的最优秀公司，展示了当今世界最先进的技术和手段。

第 6 张幻灯片

必游景点TOP4 珠海渔女

珠海渔女雕像位于珠海市香炉湾畔，这尊珠海渔女雕像有8.7米高，重达10吨，用花岗岩石分70件组合而成，是中国著名雕塑家潘鹤的杰作。渔女雕像已成为珠海市的象征，是珠海一处著名的免费旅游景点。

第 7 张幻灯片

必游景点TOP5 外伶仃岛

外伶仃岛是一个旅行的好地方，游览观光四季皆宜。岛上冬无寒凉，夏无酷暑，四季如春，山水兼得。夏天可去游泳钓鱼，冬天可去爬山，四季气温舒适，皆有景可观。

第 8 张幻灯片

必游景点TOP6 珠海圆明新园

珠海圆明新园于1997年2月2日正式建成并开放，它坐落于珠海九州大道石林山下，以北京圆明园为蓝本，按1：1的比例精选圆明园四十景中的十八景修建而成，它以其浓厚的文化，精雅别致的亭、台、楼、阁和气势磅礴的大型舞蹈表演吸引了无数的国内外游客。

第 9 张幻灯片

珠海必尝美食

第 10 张幻灯片

渔歌唱晚

珠海的十大名菜之一，该菜制作讲究，先把濑尿虾背上的硬壳剪掉，在中间开一刀，腌入酒店秘制的咸淡水虾胶，再上一层炸粉丝，待油烧开，放入已腌好的濑尿虾炸至金黄即可。上菜时配以一个用面类做好的网及一樽捕鱼翁雕塑，使该菜更具文化特色。

第 11 张幻灯片

重壳蟹

珠海斗门重壳蟹又称松壳蟹，生长于淡水海域，是一种极少有的海鲜，其色泽光亮，肉质嫩滑，口感好，味道鲜香，营养价值高，含有丰富的蛋白质，是滋补佳肴。重壳蟹是蟹中之珍品，身上长着硬、软两层壳。它在发育过程中慢慢脱掉硬壳“铁甲”，保留软壳“红袍”，当中蟹体结实丰满，肉厚有黄。这种蟹无法饲养且较难捕捉，加上数量又少，因而更加珍贵。

第 12 张幻灯片

第 13 张幻灯片

第 14 张幻灯片

图 3-1-1 珠海之行演示文稿

二、实训分析

要完成本实训项目，应按照图 3-1-2 所示的思维导图复习教材中学到的知识点和技能点。

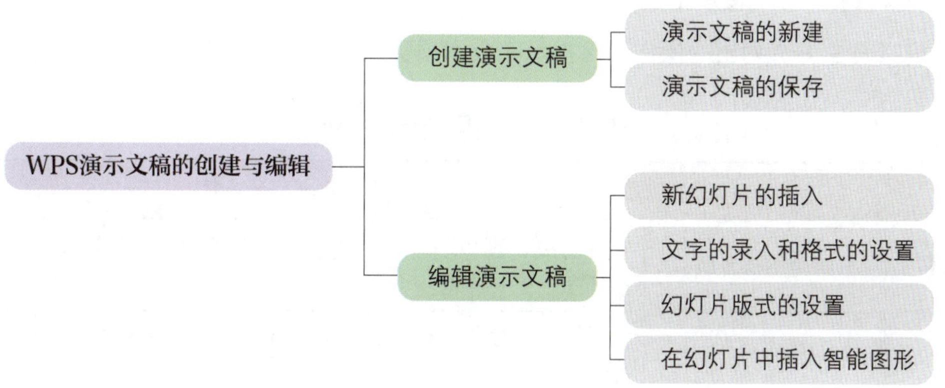

图 3-1-2 思维导图

本项目需要使用 WPS Office 创建与编辑演示文稿，可灵活按照内容需要添加幻灯片并对版式进行适当修改，根据需要插入图片、智能图形等元素，使幻灯片的布局更加合理。

三、实训计划制订

根据实训任务分析，制订完成本项目的实训计划，填入表 3-1-1 中。

表 3-1-1 实训计划

序号	工作内容	所需时间
1		

续表

序号	工作内容	所需时间
2		
3		
4		
5		

四、操作步骤提示

按照表 3-1-2 列出的操作步骤提示完成本项目。

表 3-1-2　操作步骤提示

序号	操作步骤	内容
1	创建演示文稿	创建空白的 WPS 演示文稿，将文件名改为“珠海之行.pptx”并保存
2	编辑演示文稿	在标题幻灯片后插入目录幻灯片，然后按效果图插入其余幻灯片
3		按效果图在幻灯片中录入文本并进行编辑
4		将第 1、3、10 张幻灯片的版式改为“只有标题”，其余版式改为“两栏内容”
5		参考效果图，在适当位置插入相应的图片
6		将目录修改为智能图形（可自行选择），根据所需元素个数对智能图形元素个数进行微调，并将文字设置为合适大小

将实训过程中遇到的疑点、难点及相应的解决方法和心得体会记录在表 3-1-3 中，并在组内进行讨论和分享。

表 3-1-3　经验和心得记录

序号	涉及的操作步骤	经验和心得

五、实训评价

实训项目完成后，以适当的形式在班级内展示学习成果，交流学习心得，并归纳、总结实训中的收获，纳入思维导图中。

采用学生自评、学生互评与教师评价相结合的多元评价方式，按照表 3-1-4 所列评价项目完成实训评价。

表 3-1-4　实训评价

序号	评价项目	评价要求	配分 / 分	学生自评（占比 30%）	学生互评（占比 30%）	教师评价（占比 40%）
1	自主复习	实训前能应用思维导图复习、总结学过的内容	5			
2	实训计划制订	对实训任务的分析准确、到位，有明确与可行的操作步骤	10			
3	项目实施及实训评价	操作熟练、得当，成果能满足任务要求，具体包括： 1. 能创建、保存新的 WPS 演示文稿并正确为其命名（10 分） 2. 能增加、删除幻灯片，并进行幻灯片版式的修改（10 分） 3. 能完成幻灯片文本的编辑，以及图片、智能图形等的插入及编辑（40 分） 4. 能使用正确的名称、文件类型和存储路径保存文件（10 分）	70			

续表

序号	评价项目	评价要求	配分/分	学生自评（占比30%）	学生互评（占比30%）	教师评价（占比40%）
4	成果展示及学习心得交流	成果展示与汇报时，能使用专业术语，口头表达准确，语言清晰流畅，发言声音洪亮，倾听汇报耐心，仪态大方	10			
5	自主总结	能对实训后的收获进行梳理、总结并纳入思维导图中	5			
6	6S 规范	每发现 1 次不符合规范的操作扣 2 分；若违反安全操作规范，实训成绩记 0 分	—			
综合得分			100			

六、实训拓展

1. 根据所给素材，参考图 3-1-3 所示的效果自行设计，完成枸杞介绍演示文稿的制作。

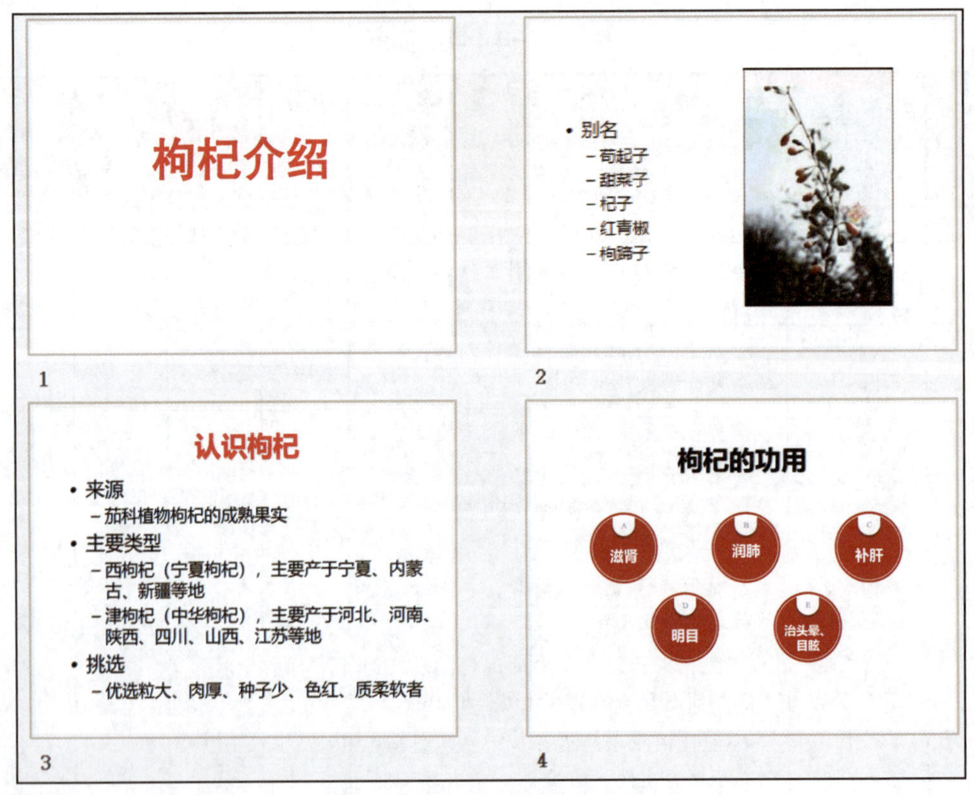

图 3-1-3　枸杞介绍演示文稿

2. 根据所给文字和图片素材，参考图 3–1–4 所示的效果，完成营养物质的组成演示文稿的制作。

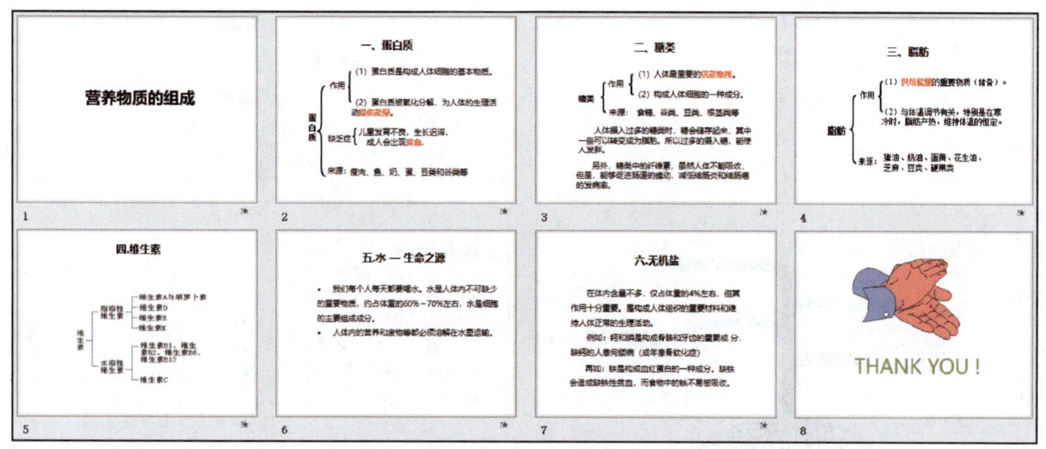

图 3–1–4　营养物质的组成演示文稿

3. 学院会计专业张老师要求同学们将上节课讲的关于成本概念的内容，在计算机上用演示文稿的方式进行总结回顾，根据所给素材，参考图 3–1–5 所示的效果，完成成本论演示文稿的制作。

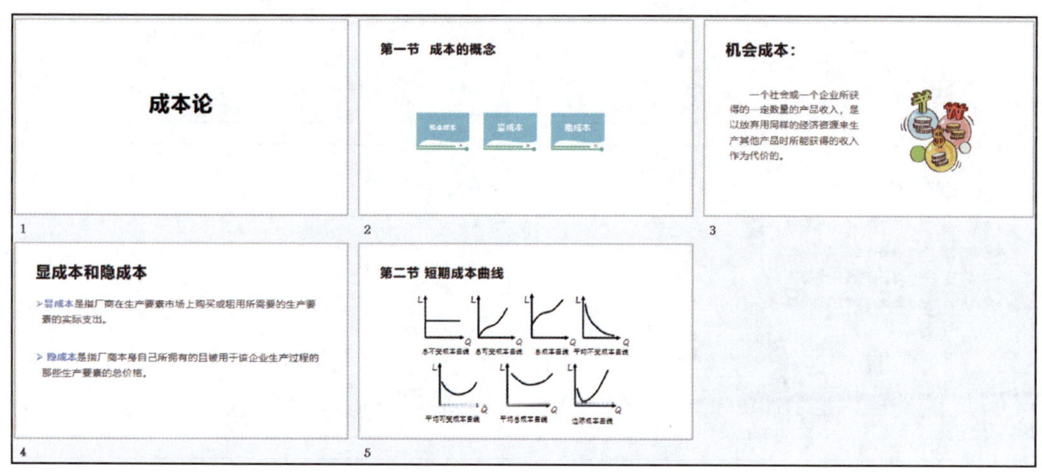

图 3–1–5　成本论演示文稿

4. 小李毕业后初入企业，经过岗前培训，被安排在行政部工作，今天主管交给小李一项工作任务——制作图 3–1–6 所示的企业宣传演示文稿，并告知她这项任务的主要目的是更好地展示企业的品牌及形象，提高企业的知名度。演示文稿所需文字参见素材文件“企业宣传资料.docx”。

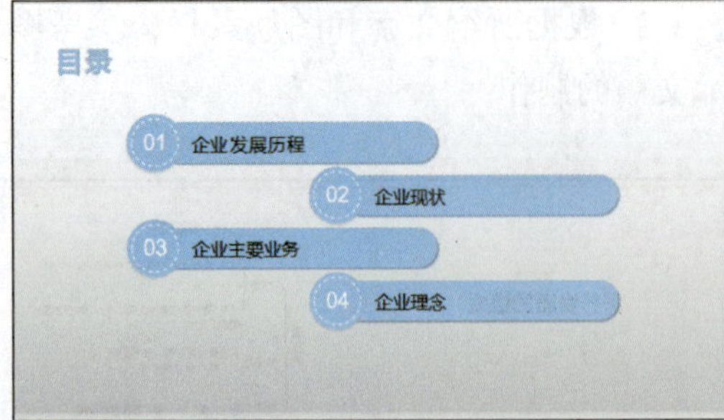

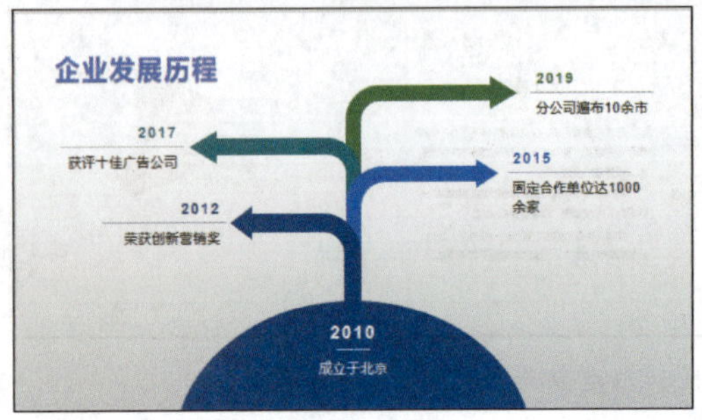

企业现状—全国分支

- 北京总公司
- 四川成都分公司
- 贵州贵阳分公司
- 江苏南京分公司
- 广东广州分公司
- 重庆分公司
- 浙江杭州分公司
- 上海分公司
- 湖南长沙分公司

企业现状—设计师团队

- 79位获得全国各项大奖的设计师带领众多优秀新生代设计师倾情服务。
- 七年来将165项广告设计大奖收入囊中。

企业现状—团队介绍

- 大咖A：北京分公司总设计师，曾获得过300多个设计类的奖项。
- 大咖B：南京分公司总设计师，曾荣获香港乃至国际奖项400多个。
- 大咖C：成都分公司总设计师，主要服务于汽车行业等。
- 大咖D：杭州分公司总设计师，主要服务于餐饮服务行业等。

企业现状—项目介绍

- 汽车广告：各大汽车行业的领先品牌
- 名酒广告：各大名酒行业的领先品牌
- 饰品广告：各大饰品行业的领先品牌
- 啤酒广告：各大啤酒行业的领先品牌

企业主要业务

- 房产广告
  - 承接各类房产广告
  - 承接房产销售广告
- 公益广告
  - 承接各类公益广告
  - 承接各类水源广告
- 饰品广告
  - 承接各种饰品广告
  - 承接各类装饰广告

企业理念

- 在实践的基础上进行广告设计
- 经验丰富制作实用广告
- 鼓励设计创新
- 预知广告业的前景超前理念
- 持续跟踪客户，提供长远帮助
- 企业设计师不断学习以便跟上时代脚步

谢谢观赏

飞扬与您一同展望未来

图 3-1-6 企业宣传演示文稿

5. 根据演示文稿所学内容，制作自我介绍演示文稿，要求内容可以是“我的信息（姓名、年龄、班级等）、我的爱好、我的家乡、我的老师”等，至少制作四张幻灯片，演示文稿可包含文本、图片、音频、视频等元素。

七、巩固与练习

1. 判断题

（1）在 WPS 演示文稿中，“新建演示”命令的功能是新建一个演示文稿。（　　）

（2）在 WPS 演示文稿中，选中一张幻灯片后，按 Delete 键可以将其删除。（　　）

（3）在 WPS 演示文稿中，可插入剪贴画，但不能插入 .jpg、.gif、.bmp 等格式的图形文件。（　　）

（4）在幻灯片浏览视图中，不能编辑幻灯片中的内容。（　　）

（5）在 WPS 演示文稿中，不能插入声音文件。（　　）

2. 选择题

（1）在 WPS 演示文稿中，如果想要改变一幅图像的大小，应该使用（　　）工具。

A. 裁剪　　B. 尺寸

C. 大小调整手柄　　D. 旋转

（2）在 WPS 演示文稿中，按组合键（　　）可以保存演示文稿。

A. Ctrl+R　　B. Ctrl+Z　　C. Ctrl+Y　　D. Ctrl+S

（3）下列选项中，不能成功启动 WPS 演示文稿的方法是（　　）。

A. 双击 WPS 演示文稿图标

B. 单击一个 WPS 演示文稿

C. 依次单击“开始”—“程序”—“WPS 演示文稿”图标

D. 双击一个 WPS 演示文稿

（4）在 WPS 演示文稿的普通视图中，按（　　）键可切换到当前幻灯片的上一张。

A. Page Up　　B. Page Down　　C. Home　　D. End

（5）在 WPS 演示文稿中，新建一个演示文稿时，第一张幻灯片的默认版式是（　　）。

A. 项目清单　　B. 两栏文本

C. 标题幻灯片　　D. 空白

（6）在以下几种视图中，能够增添和显示备注文字的是（　　）视图。

A. 幻灯片放映　　B. 大纲

C. 幻灯片阅读　　D. 普通

（7）下列关于WPS演示文稿中预设“形状”的使用，叙述不正确的是（　　）。

A. 通过“插入”菜单中的“形状”命令可插入各类预设的“形状”

B. 同一幻灯片中的“形状”可任意组合，形成一个对象

C. 在“形状”内不能添加文本

D. 采用鼠标拖动的方式能够改变“形状”的大小与位置

（8）在WPS演示文稿中插入一段轻音乐作为背景音乐，可依次单击选择（　　）命令。

A.“插入”-“文本框”　　B.“插入”-“音频”

C.“插入”-“图片”　　D.“插入”-“视频”

（9）在WPS演示文稿中，不能插入（　　）。

A. 文本、视频　　B. 图片、Flash动画

C. 声音、视频　　D. 文件夹

（10）制作WPS演示文稿时，用形状和图片搭配制作一个图形，要求形状和图片保持大小和位置的相对固定，可以借助（　　）功能来实现。

A. 填充　　B. 自定义动画

C. 组合　　D. 裁剪

实训项目二

美化珠海之行演示文稿——WPS 演示文稿的美化

一、实训任务

演示文稿的文字内容和图片设置好后，还显得有些单调，需要进一步美化，使其变得更加精美，美化后的珠海之行演示文稿如图 3-2-1 所示。

图 3-2-1　美化后的珠海之行演示文稿

二、实训分析

要完成本实训项目，应按照图 3-2-2 所示的思维导图复习教材中学到的知识点和技能点。

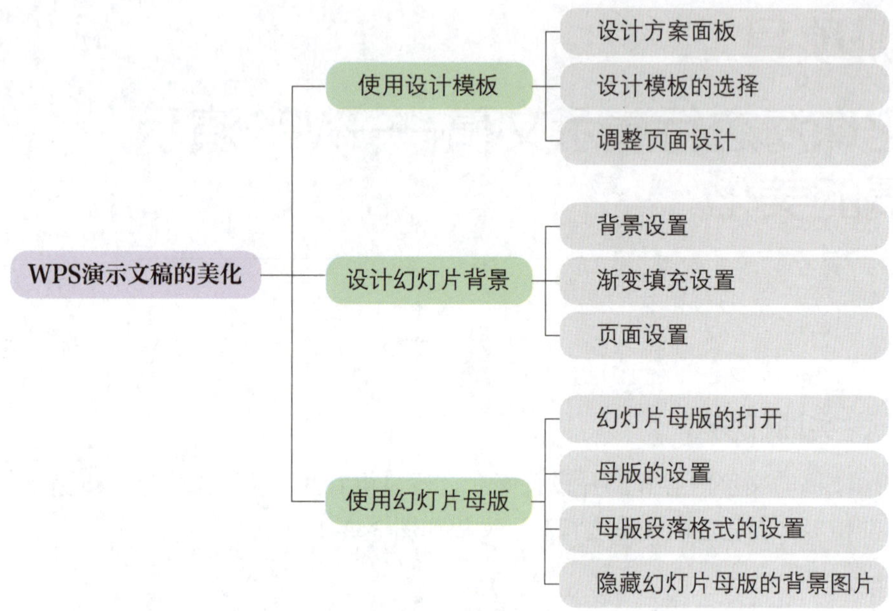

图 3-2-2　思维导图

本项目需要使用美化演示文稿的三种不同方式，并且需要注意演示文稿的色彩搭配，让整个文稿看起来更加舒适、美观。

三、实训计划制订

根据任务分析，制订完成本项目的实训计划，填入表 3-2-1 中。

表 3-2-1　实训计划

序号	工作内容	所需时间
1		
2		
3		
4		

四、操作步骤提示

按照表 3-2-2 列出的操作步骤提示完成本项目。

表 3-2-2 操作步骤提示

序号	操作步骤	内容
1	使用设计模板	打开幻灯片，进入设计方案面板，单击“全文美化”按钮
2		对演示文稿整体应用设计模板中的“商业发布会”模板（也可以自行选择其他模板）
3		按效果图适当调整页面设计
4	设计幻灯片背景	进入目录幻灯片，在空白处单击右键，单击选择“设置背景格式”命令
5		将目录幻灯片背景设置为“渐变填充”，可按效果图（也可自行设计）进行设置
6		在设计面板中，单击选择“幻灯片大小”下的“自定义大小”命令，对幻灯片进行适当的页面设置（可自行设计）
7	使用幻灯片母版	在设计面板中，单击“母版”按钮，打开“幻灯片母版”
8		将所有带有“标题和内容”的幻灯片设置为幻灯片母版效果，在幻灯片左下角插入艺术字“珠海之行”
9		对幻灯片母版中添加的内容进行格式设置（可自行设计效果）
10		若幻灯片母版中有背景图片，可隐藏幻灯片母版背景图片（可自行设计）

将实训过程中遇到的疑点、难点及相应的解决方法和心得体会记录在表 3-2-3 中，并在组内进行讨论和分享。

表 3-2-3 经验和心得记录

序号	涉及的操作步骤	经验和心得

五、实训评价

实训项目完成后，以适当的形式在班级内展示学习成果，交流学习心得，并归纳、总结实训中的收获，纳入思维导图中。

采用学生自评、学生互评与教师评价相结合的多元评价方式，按照表 3-2-4 所列评价项目完成实训评价。

表 3-2-4　实训评价

序号	评价项目	评价要求	配分 / 分	学生自评（占比 30%）	学生互评（占比 30%）	教师评价（占比 40%）
1	自主复习	实训前能应用思维导图复习、总结学过的内容	5			
2	实训计划制订	对实训任务的分析准确、到位，有明确与可行的操作步骤	10			
3	项目实施及实训评价	操作熟练、得当，成果能满足任务要求，具体包括： 1. 能根据演示文稿的内容选择合适的设计模板（20 分） 2. 能配合设计母版整体配色要求完成一张或多张幻灯片背景的更改（20 分） 3. 能利用幻灯片母版为幻灯片设置统一的风格（20 分） 4. 配色应合理、舒适（10 分）	70			
4	成果展示及学习心得交流	成果展示与汇报时，能使用专业术语，口头表达准确，语言清晰流畅，发言声音洪亮，倾听汇报耐心，仪态大方	10			
5	自主总结	能对实训后的收获进行梳理、总结并纳入思维导图中	5			
6	6S 规范	每发现 1 次不符合规范的操作扣 2 分；若违反安全操作规范，实训成绩记 0 分	—			
		综合得分	100			

六、实训拓展

1. 对上一项目完成的枸杞介绍演示文稿做进一步修改，使其看起来更加美观，更

加有吸引力，参考图 3-2-3 所示的效果完成枸杞介绍演示文稿的美化。

图 3-2-3　美化后的枸杞介绍演示文稿

2. 利用所学知识，自行设计，对上一项目完成的营养物质的组成演示文稿和成本论演示文稿做进一步的美化。

3. 小李提交了自己的第一项工作任务——企业宣传演示文稿，主管审阅后告诉她，内容符合要求，但是希望她可以对自己的作品进行美化。小李通过学习、思考，重新设计并美化了演示文稿。美化后的企业宣传演示文稿如图 3-2-4 所示。

图 3-2-4　美化后的企业宣传演示文稿

4. 完善上一项目制作的自我介绍演示文稿，要求综合应用美化演示文稿的方法进行设计。

七、巩固与练习

1. 判断题

（1）在 WPS 演示文稿中，利用“模板”可以创建具有一定图案背景和色彩的演示文稿。（　　）

（2）WPS 演示文稿通过母版来控制幻灯片的不同部分，对标题母版所做的修改不会影响到非标题版式的幻灯片。（　　）

（3）在 WPS 演示文稿中，幻灯片页眉和页脚设置的内容将会在演示文稿的每一张幻灯片中显示。（　　）

（4）在 WPS 演示文稿中，要想让一张幻灯片中的内容分步出现，可以通过“自定义放映”功能进行设置。（　　）

（5）在 WPS 演示文稿中，不能为插入的“艺术字”添加动画效果。（　　）

2. 选择题

（1）在 WPS 演示文稿中，要真实改变幻灯片的大小，可通过（　　）来实现。

A. 在一般视图下直接拖动幻灯片的四条边框

B. 在“视图”选项卡中单击“显示比例”按钮

C. 单击选择“设计”选项卡中的“幻灯片大小”命令

D. 单击选择“文件”选项卡中的“页面设置”命令

（2）WPS 演示文稿母版有（　　）种类型。

A. 3　　B. 5　　C. 4　　D. 6

（3）在 WPS 演示文稿中，如果希望将幻灯片由横排变为竖排，需要更换（　　）。

A. 版式　　B. 背景

C. 设计模板　　D. 幻灯片切换方式

（4）要在 WPS 演示文稿中的所有幻灯片的左上角统一添加徽标，最便捷的途径是（　　）。

A. 选择幻灯片版式　　B. 应用设计模板

C. 设置背景　　D. 编辑幻灯片母版

（5）在 WPS 演示文稿中，进行幻灯片母版的有关设置，可以起到统一（　　）的作用。

A. 整套幻灯片风格　　B. 图片内容

C. 页码内容　　　　　　　　　　D. 标题内容

（6）在 WPS 演示文稿中，要设置幻灯片的大小和方向，应单击选择“设计”选项卡中的（　　）命令。

A. 格式　　　　B. 保存　　　　C. 关闭　　　　D. 幻灯片大小

（7）在 WPS 演示文稿中，下列关于页眉、页脚的描述中错误的是（　　）。

A. 可以自定义页脚内容　　　　　　B. 可以显示当前日期

C. 可以显示幻灯片编号　　　　　　D. 不能固定显示日期

（8）WPS 演示文稿的设计包括（　　）。

A. 内容和结构的设计　　　　　　B. 版面和风格的设计

C. 色彩搭配和图片的设计　　　　D. 以上选项都对

（9）在美化 WPS 演示文稿版面时，以下说法中不正确的是（　　）。

A. 套用模板后将使整套演示文稿具有统一的风格

B. 可以对某张幻灯片的背景进行设置

C. 可以对某张幻灯片的配色方案进行修改

D. 无论是套用模板、修改配色方案、设置背景，都只能对所有幻灯片进行统一设置

（10）WPS 演示文稿提供了多种（　　），包含相应的配色方案和字体样式等，可供用户快速生成风格统一的演示文稿。

A. 新幻灯片　　　　B. 模板　　　　C. 配色方案　　　　D. 母版

实训项目三

放映珠海之行演示文稿——WPS 演示文稿的放映

一、实训任务

张丽同学已经编辑并美化了自己创作的珠海之行演示文稿，为了展示效果更具互动性，还需要为演示文稿设置放映动画效果。

二、实训分析

要完成本实训项目，应按照图 3-3-1 所示的思维导图复习教材中学到的知识点和技能点。

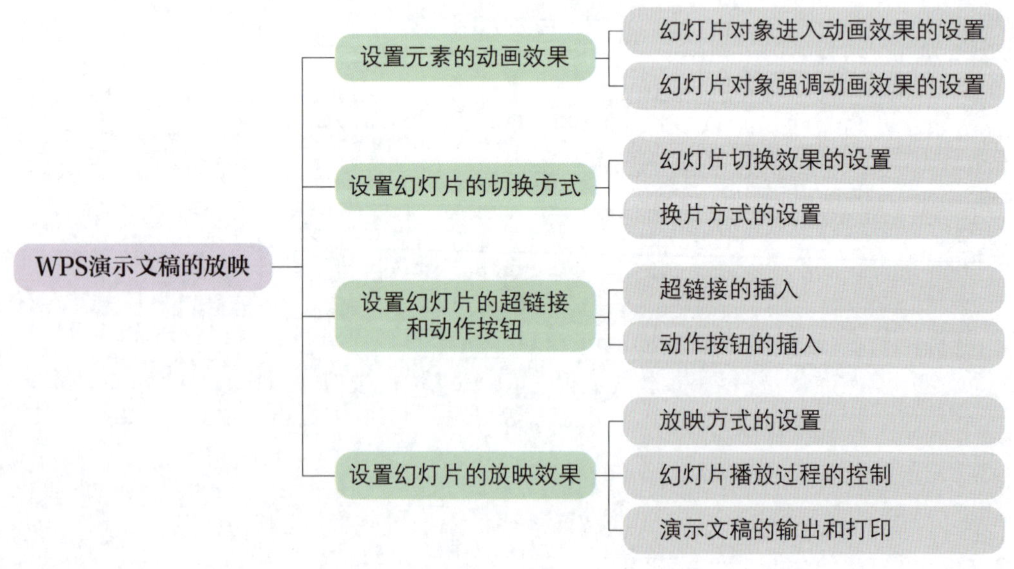

图 3-3-1　思维导图

本项目需要设置幻灯片元素动画效果、幻灯片切换效果，添加超链接和动作按钮，并完成其他相关的放映设置。

三、实训计划制订

根据任务分析，制订完成本项目的实训计划，填入表 3–3–1 中。

表 3–3–1　实训计划

序号	工作内容	所需时间
1		
2		
3		
4		
5		

四、操作步骤提示

按照表 3–3–2 列出的操作步骤提示完成本项目。

表 3–3–2　操作步骤提示

序号	操作步骤	内容
1	设置元素的动画效果	设置标题幻灯片动画效果：将竖线和文字一起选中，添加“飞入”动画，方向为“左侧”，速度为“快速（1 秒）”
2		设置目录幻灯片动画效果：首先将幻灯片中所有元素均添加“擦除”动画，方向为“自左侧”，速度为“快速（1 秒）”，分别选中正文内容中的“珠海必游景点”和“珠海必尝美食”，在“开始：”选项中选择“在上一动画之后”
3		设置第 3、第 10 张幻灯片动画效果：同时选中幻灯片中的所有元素，添加“百叶窗”动画，设置选择默认效果；单独选中“珠海必游景点”，在“开始：”选项中选择“在上一动画之后”
4		设置其余幻灯片动画效果：添加“擦除”动画，其余使用默认设置，或根据自己的喜好逐一进行设置

续表

序号	操作步骤	内容
5	设置幻灯片的切换方式	幻灯片切换统一选择“擦除”效果，选中“单击鼠标时换片”选项，单击“应用到全部”按钮，也可根据自己的喜好进行选择
6	设置幻灯片的超链接和动作按钮效果	对目录幻灯片中的内容分别添加超链接，链接到对应的幻灯片内容；在第9张幻灯片右下角添加自定义动作按钮“返回”（可灵活添加调整此按钮的进入动画效果），并链接到目录幻灯片
7	设置幻灯片的放映效果	设置幻灯片的放映效果，放映类型为“演讲者放映（全屏幕）”，放映选项为“循环放映”，换片方式为“手动”，其余使用默认设置

将实训过程中遇到的疑点、难点及相应的解决方法和心得体会记录在表3-3-3中，并在组内进行讨论和分享。

表3-3-3　经验和心得记录

序号	涉及的操作步骤	经验和心得

五、实训评价

实训项目完成后，以适当的形式在班级内展示学习成果，交流学习心得，并归纳、总结实训中的收获，纳入思维导图中。

采用学生自评、学生互评与教师评价相结合的多元评价方式，按照表3-3-4所列评价项目完成实训评价。

表3-3-4　实训评价

序号	评价项目	评价要求	配分/分	学生自评（占比30%）	学生互评（占比30%）	教师评价（占比40%）
1	自主复习	实训前能应用思维导图复习、总结学过的内容	5			

续表

序号	评价项目	评价要求	配分 / 分	学生自评（占比 30%）	学生互评（占比 30%）	教师评价（占比 40%）
2	实训计划制订	对实训任务的分析准确、到位，有明确与可行的操作步骤	10			
3	项目实施及实训评价	操作熟练、得当，成果能满足任务要求，具体包括： 1. 能设置元素的动画效果（20 分） 2. 能设置幻灯片的切换方式（10 分） 3. 能设置幻灯片的超链接和动作按钮效果（30 分） 4. 能设置幻灯片的放映效果（10 分）	70			
4	成果展示及学习心得交流	成果展示与汇报时，能使用专业术语，口头表达准确，语言清晰流畅，发言声音洪亮，倾听汇报耐心，仪态大方	10			
5	自主总结	能对实训后的收获进行梳理、总结并纳入思维导图中	5			
6	6S 规范	每发现 1 次不符合规范的操作扣 2 分；若违反安全操作规范，实训成绩记 0 分	—			
综合得分			100			

六、实训拓展

1. 针对上一项目完成的枸杞介绍、营养物质的组成和成本论三个演示文稿，结合其内容设计合适的放映效果，并在小组内展示。

2. 小李完成了企业宣传演示文稿的制作，并进行了优化工作，现在还需要对演示文稿进行放映效果设置，让整个演示文稿更加流畅、自然。

3. 在实训项目二中已经美化过自我介绍演示文稿，现在需要设置每个对象的放映动画和幻灯片的切换方式，并对整个幻灯片设置合适的放映效果。

七、巩固与练习

1. 判断题

（1）在 WPS 演示文稿中，图形和文本对象设置动画效果的方法是相同的。（　　）

（2）在 WPS 演示文稿中，若想在一张纸上打印多张幻灯片，必须按大纲方式进行打印。（　　）

（3）在 WPS 演示文稿中，可以直接按 END 键终止当前幻灯片的放映。（　　）

（4）WPS 演示文稿中的超链接不可以链接到网站。（　　）

（5）在 WPS 演示文稿中，幻灯片的背景可以是动画。（　　）

2. 选择题

（1）在 WPS 演示文稿中，按（　　）键可以开始放映幻灯片。

A. F1　　B. F2　　C. F5　　D. F12

（2）在 WPS 演示文稿中，应该使用（　　）来添加过渡效果。

A. 格式菜单　　B. 插入菜单位

C. 动画菜单　　D. 视图菜单

（3）在 WPS 演示文稿中，关于对幻灯片中的对象设置超链接，以下说法中错误的是（　　）。

A. 可以链接音频、视频文件　　B. 可以链接到本文档的其他幻灯片

C. 可以链接本文档的最后一张幻灯片　　D. 不可以链接到其他 WPS 演示文稿

（4）在 WPS 演示文稿中，以下（　　）视图模式可以查看幻灯片放映的顺序。

A. 普通　　B. 幻灯片浏览

C. 备注页　　D. 排序

（5）在 WPS 演示文稿中，幻灯片内的动画效果可以通过“动画”选项卡中的“（　　）”命令来设置。

A. 幻灯片切换　　B. 动画预览

C. 动作设置　　D. 自定义动画

（6）在播放 WPS 演示文稿时，希望幻灯片上的文字、图片以多种动画方式出现，可以通过“（　　）”选项卡来设置。

A. 动画　　B. 页面布局

C. 超链接　　D. 放映

（7）下面对幻灯片打印的描述中，正确的是（　　）。

A. 必须从第一张幻灯片开始打印

B. 必须打印所有幻灯片

C. 不仅可以打印幻灯片，还可以打印讲义和大纲

D. 幻灯片只能打印在纸上

（8）在 WPS 演示文稿中，要更改幻灯片上对象动画出现的顺序，应在“（　　）”

窗格中设置。

A. 切换　　B. 设计　　C. 放映　　D. 动画

（9）在 WPS 演示文稿中，要给幻灯片添加过渡效果，可以通过设置（　　）来实现。

A. 幻灯片切换　　B. 幻灯片放映

C. 自定义动画　　D. 超链接

（10）如果需要将 WPS 演示文稿置于另一台未安装 WPS Office 或兼容软件的计算机上放映，应该对 WPS 演示文稿进行（　　）。

A. 打包　　B. 打印　　C. 复制　　D. 移动

实训项目四

设计学校简介演示文稿——WPS 演示文稿的综合应用

一、实训任务

某院校在 7、8 月预计进行宣讲活动，需要对本院校进行详细的介绍，要求设计师在 120 min 内，根据所提供的图片、文字素材（见图 3-4-1），应用 WPS 演示文稿进行排版设计，得到图 3-4-2 所示的最终效果。

a）

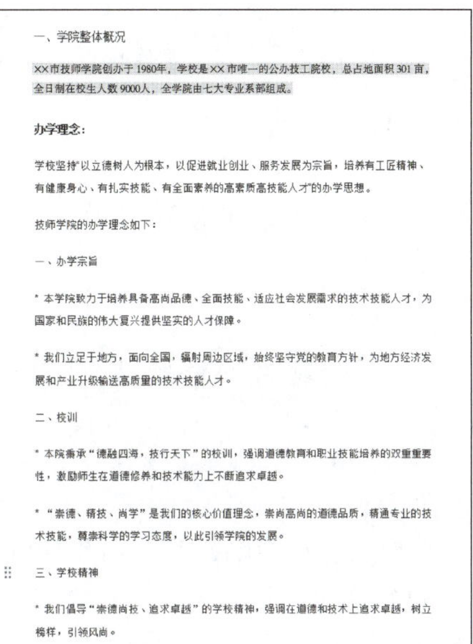

一、学院整体概况

××市技师学院创办于 1980年，学校是××市唯一的公办技工院校，总占地面积 301 亩，全日制在校生人数 9000人，全学院由七大专业系部组成。

办学理念：

学校坚持"以立德树人为根本，以促进就业创业、服务发展为宗旨，培养有工匠精神、有健康身心、有扎实技能、有全面素养的高素质高技能人才"的办学思想。

技师学院的办学理念如下：

一、办学宗旨

* 本学院致力于培养具备高尚品德、全面技能、适应社会发展需求的技术技能人才，为国家和民族的伟大复兴提供坚实的人才保障。

* 我们立足于地方，面向全国，辐射周边区域，始终坚守党的教育方针，为地方经济发展和产业升级输送高质量的技术技能人才。

二、校训

* 本院秉承"德融四海，技行天下"的校训，强调道德教育和职业技能培养的双重重要性，激励师生在道德修养和技术能力上不断追求卓越。

* "崇德、精技、尚学"是我们的核心价值理念，崇尚高尚的道德品质，精通专业的技术技能，尊崇科学的学习态度，以此引领学院的发展。

三、学校精神

* 我们倡导"崇德尚技、追求卓越"的学校精神，强调在道德和技术上追求卓越，树立榜样，引领风尚。

b）

图 3-4-1　图片、文字素材

a）图片素材　b）文字素材

图 3-4-2　最终效果

二、实训分析

要完成本实训项目，应按照图 3-4-3 所示的思维导图复习教材中学到的知识点和技能点。

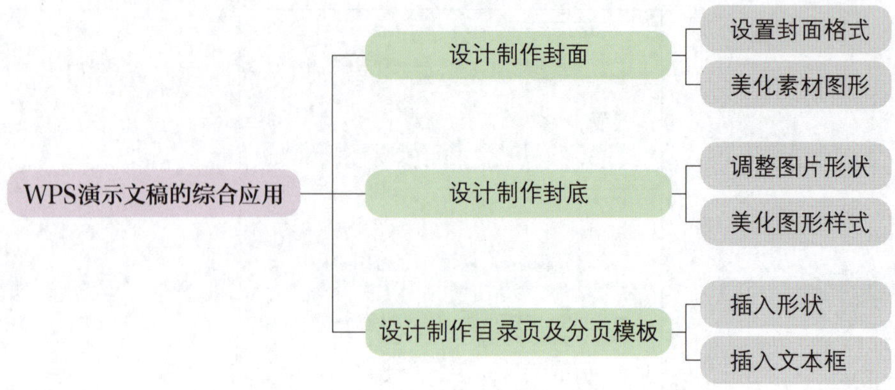

图 3-4-3　思维导图

本项目是根据所提供的素材，使用剪贴工具、对象属性、图形工具、文本框工具等进行 WPS 演示文稿处理，进行适当的排版展示。在完成项目的过程中，应注意剪贴工具的使用方法与技巧，图形工具绘制三角形的方法与技巧，以及文本框工具的使用方法与技巧等。

三、实训计划制订

根据任务分析，制订完成本项目的实训计划，填入表 3-4-1 中。

表 3-4-1　实训计划

序号	工作内容	所需时间

四、操作步骤提示

按照表 3-4-2 列出的操作步骤提示完成本项目。

表 3-4-2　操作步骤提示

序号	操作步骤	内容
1	设计制作封面	新建空白文档并将其命名为“学校简介”。设计封面基础图形：在菜单栏中单击“插入”按钮，选择素材图片，调整图片透明度，再次单击“插入”按钮，插入“矩形”图形，调整颜色，并将其顺时针旋转 45°，插入“文本框”即可
2	设计制作封底	导入图片素材，降低图片的透明度，利用“裁剪”功能将图片变为三角形，并挪到画面左下角
3		单击“插入”按钮，插入“矩形”图形，调整颜色并将其旋转，将矩形平行于三角形图片的斜切面，插入“三角形”图形，并调整颜色、大小，将其放置到画面的右上角
4	设计制作目录页及分页模板	在封面页后，插入“新建幻灯片”，插入“三角形”图形，调整其大小、颜色，再按组合键 Ctrl+V 复制一个“三角形”图形，在“填充与轮廓”中将填充调整为“无”，保留外轮廓线条
5		单击“插入”按钮，选择“矩形”和“椭圆”图形，将两个图形进行组合，调整成组图形的大小、色彩并进行剪裁，插入“文本框”，输入标题内容，最后在画面右侧空白处插入“图标”即可
6		制作分页大标题模板，插入“文本框”，分别输入“0”和“1”两个数字，将字号调大到画面协调即可，改变两个数字的颜色
7		插入“矩形”，矩形大小占整个画面的 1/3 左右，调整其颜色，将矩形移动到画面的最下方，选择“1”的文本框，将文本框层级调整为最上方即可

五、实训评价

实训项目完成后，以适当的形式在班级内展示学习成果，交流学习心得，并归纳、总结实训中的收获，纳入思维导图中。

采用学生自评、学生互评与教师评价相结合的多元评价方式，按照表 3-4-3 所列评价项目完成实训评价。

表 3-4-3 实训评价

序号	评价项目	评价要求	配分 / 分	学生自评（占比 30%）	学生互评（占比 30%）	教师评价（占比 40%）
1	自主复习	实训前能应用思维导图复习、总结学过的内容	5			
2	实训计划制订	对实训任务的分析准确、到位，有明确与可行的操作步骤	10			
3	项目实施及实训评价	操作熟练、得当，成果能满足任务要求，具体如下： 1. 能新建文档，正确命名文档并保存（10 分） 2. 能正确插入图片，并设置适当的参数（10 分） 3. 能正确插入图形并对图形进行调整（10 分） 4. 能利用基础图形进行组合，并设置适当参数，完成复杂图形的绘制（20 分） 5. 能合理使用图片、图形、文字等组件，完成演示文稿的制作与美化（20 分）	70			
4	成果展示及学习心得交流	成果展示与汇报时，能使用专业术语，口头表达准确，语言清晰流畅，发言声音洪亮，倾听汇报耐心，仪态大方	10			
5	自主总结	能对实训后的收获进行梳理、总结并纳入思维导图中	5			
6	6S 规范	每发现 1 次不符规范扣 2 分；若违反安全操作规范实训成绩记 0 分	—			
综合得分			100			

六、实训拓展

1. 根据已有的学校简介演示文稿，进行幻灯片的内容动画制作，动画顺序需要符合演讲逻辑。

2. 根据已有的学校简介演示文稿，设置幻灯片切换动画，切换动画需简洁、流畅。

七、巩固与练习

1. 判断题

（1）WPS 演示文稿模板文件的扩展名是 .dpt。（ ）

（2）WPS 演示文稿的素材一般不包括网站。（ ）

（3）在 WPS 演示文稿中，如果要从第四页幻灯片跳转到第九页幻灯片，需要在第四页幻灯片上设置超链接。（ ）

（4）在 WPS 演示文稿演示的过程中，需要回到上一页幻灯片时可以按 Enter 键。（ ）

（5）在 WPS 演示文稿设计制作的过程中，需要注意内容与结构、版面与风格、色彩与图片的和谐统一。（ ）

2. 单选题

（1）在 WPS 演示文稿中，若对图片进行裁剪并使用了按形状裁剪，产生的效果是（ ）。

A. 裁剪无效　　B. 亮的部分图像被保留

C. 灰的部分图像被保留　　D. 整个图像均被裁剪

（2）在播放 WPS 演示文稿时，若选中了第二页，准备从第二页开始播放，采用的组合键是（ ）。

A. F5　　B. Shift+F5　　C. Ctrl+F5　　D. Alt+F5

（3）在 WPS 演示文稿中，从头开始播放演示文稿的组合键是（ ）。

A. Ctrl+F5　　B. Ctrl+F3　　C. Shift+F5　　D. Shift+F3

（4）在 WPS 演示文稿中，另存为的快捷键是（ ）。

A. F10　　B. F11　　C. F5　　D. F12

（5）在 WPS 演示文稿中，可在（ ）中为单页幻灯片进行备注。

A. 母版　　B. 模板　　C. 备注页　　D. 版式

（6）在 WPS 演示文稿中，在（ ）中插入的对象也会出现在每张幻灯片中。

A. 母版　　B. 模板　　C. 备注页　　D. 版式

（7）在 WPS 演示文稿中，在（ ）视图下不能为幻灯片添加备注。

A. 大纲　　B. 普通

C. 幻灯片　　D. 幻灯片浏览

（8）在 WPS 演示文稿中，需要通过（ ）操作，为幻灯片进行顺序调整。

A. 粘贴复制　　B. 双击　　C. 拖曳　　D. 新建

（9）在 WPS 演示文稿中，打印文稿的组合键是（　　）。

A. Ctrl+Z　　B. Ctrl+A

C. Ctrl+V　　D. Ctrl+P

（10）在 WPS 演示文稿的同一张幻灯片中，根据配色原则，最好不要超过（　　）种颜色。

A. 1　　B. 2　　C. 3　　D. 4